"数字工匠·匠心之路"系列丛书

# 三维数字化
## 创新设计手册

主　编　霍有朝

副主编　叶　克　郑伶俐　靳美艳　匡　伟

U0245644

## 源于实践　高于实践　Step by Step 式训练

- 全国三维数字化创新设计大赛（全国 3D 大赛）指定特训手册
- 三维数字化技术应用能力测评与认证体系（3D 四六级）指定特训手册
- 机械设计 / 创新设计 /3D 打印 / 逆向设计等课程实训、课程设计配套教材
- NX/CATIA/CREO/ Solidworks/ DesignX 等设计软件学习必备案例集

北京航空航天大学出版社
BEIHANG UNIVERSITY PRESS

# 内 容 简 介

本书是帮助读者快速有效地提高三维数字化创新设计实战能力的案例手册。主要内容包括草图绘制、点线面、坐标与基准、产品基础建模与工程制图、产品曲面造型与结构设计、产品零部件装配与运动机构仿真、产品 3D 渲染与展示、3D 扫描与逆向设计、数字创意与 3D 打印等专项案例。

书中精选了大量的实战案例，涉及不同行业，具有很强的实用性和广泛的适用性，使读者能够快速地进入实战状态。内容编排按星级由浅入深、循序渐进，读者通过系统的学习，可提高实战能力。与之配套的在线资源包括：模型的网盘下载地址、扫码在线浏览 3D 模型、在线视频课程。

本书是全国三维数字化创新设计大赛（简称全国 3D 大赛）的指定特训手册，也是三维数字化技术应用能力测评与认证体系（3D 四六级）的指定特训手册，还是机械设计 / 创新设计 /3D 打印 / 逆向设计等课程实训、课程设计的配套教材，以及 NX/CATIA/CREO/Solidworks/DesignX 等设计软件学习必备的案例集。

## 图书在版编目（CIP）数据

三维数字化创新设计手册 / 霍有朝主编 . –– 北京：
北京航空航天大学出版社，2019.6
ISBN 978–7–5124–2874–4

Ⅰ . ①三… Ⅱ . ①霍… Ⅲ . ①计算机辅助设计—手册
Ⅳ . ① TP391.72–62

中国版本图书馆 CIP 数据核字（2018）第 273055 号

三维数字化创新设计手册

主编　霍有朝

副主编　叶　克　郑伶俐　靳美艳　匡　伟

责任编辑　胡　敏

\*

北京航空航天大学出版社出版发行

北京市海淀区学院路 37 号（邮编 100191）　http：//www.buaapress.com.cn
发行部电话：（010）82317024　　传真：（010）82328026
读者信箱：bhpress@126.com　　邮购电话：（010）82316936
北京宏伟双华印刷有限公司印装　各地书店经销

\*

开本：787×1092　1/16　印张：11　字数：282 千字
2019 年 6 月第 1 版　2019 年 6 月第 1 次印刷
ISBN 978–7–5124–2874–4　定价：89.00 元

# 全国三维数字化创新设计大赛

## （全国 3D 大赛）评审专家委员会
## "数字工匠·匠心之路"系列丛书编审委员会

### ✛ 顾 问：

孙家广：全国 3D 大赛组委会主任，全国人大教科文卫委员会副主任委员，国家制造业信息化培训中心主任，中国图学学会理事长，中国工程院院士

赵沁平：全国 3D 大赛组委会名誉主任，中国科协副主席，虚拟现实技术与系统国家重点实验室主任，中国工程院院士

石定寰：全国 3D 大赛组委会名誉主任，中国生产力促进中心协会理事长，光华设计基金会名誉理事长，世界绿色设计组织（WGDO）中方主席，科技部原秘书长，国务院参事

杨海成：全国 3D 大赛组委会名誉主任，国家信息化咨询专家委员会委员，中国航天科技集团前总工程师，国家制造业信息化工程前总体组组长

沈力平：全国 3D 大赛组委会名誉主任，中国载人航天工程航天员系统总指挥，中国载人航天工程副总设计师，少将，国际宇航科学院（IAA）院士

彭熙坤：全国 3D 大赛组委会名誉主任，全国政协委员，北京金台艺术馆馆长，著名画家、雕塑家，中国雕塑学会顾问，中国建设文化艺术协会环境艺术专业委员会总顾问

### ✛ 主席团：

沈旭昆：全国 3D 大赛总裁判长，虚拟现实技术与系统国家重点实验室副主任，北京航空航天大学新媒体艺术与设计学院院长 / 书记

王建民：全国 3D 大赛总裁判长，清华大学软件学院院长 / 书记，国家 863 "面向制造业的核心软件开发"重大项目总体专家组组长，全国信息安全标准化技术委员会大数据安全标准特别工作组组长

宁振波：全国 3D 大赛评审专家委员会轮值主席，中国航空工业集团信息技术中心前首席顾问，"飞机全机数字化样机设计"国家科技进步二等奖等多个奖项获得者，中国 CPS 发展论坛专家咨询委员会委员，《三体智能革命》作者之一

郭源生：全国 3D 大赛组委会副主任，工业和信息化部电子元器件行业发展研究中心总工程师，中国敏感元件与传感器协会副理事长，中国传感器与物联网产业联盟副理事长，九三学社中央科技委副主任

张红旗：全国 3D 大赛评审专家委员会轮值主席，中国电子科技集团第三十八研究所高级工程师，中国三维数字化技术标准起草组组长

周凤英：全国 3D 大赛评审专家委员会轮值主席，CCTV 北京辉煌动画公司总经理，中国动画学会副会长

杨志勇：全国 3D 大赛组委会副主任，"一带一路"文化创意产业基金委员会主席，中国创意产业联盟常务主席，中国文化管理协会文化创意委员会执行会长

鲁君尚：全国 3D 大赛组委会副主任兼秘书长，全国 3D/VR 技术推广服务与教育培训联盟副理事长兼秘书长，国家制造业信息化培训中心 3D 办主任，3D 动力总裁

## ✚ 委 员： （只列姓名，排名不分先后，按姓氏笔画）

| | | | | | | | | |
|---|---|---|---|---|---|---|---|---|
| 丁远大 | 子建华 | 马兵兵 | 王世刚 | 王东林 | 王永才 | 王宏旭 | 王春生 | 王春雨 | 王 政 |
| 王 震 | 巨春飞 | 牛亚宏 | 乌日开西 | 尹传红 | 尹承顺 | 邓子龙 | 冯 娟 | 毕经坤 | 吕 明 |
| 吕洺锋 | 朱向平 | 任世焦 | 华建慧 | 刘 江 | 刘岩松 | 刘 政 | 刘宣佐 | 刘 勇 | 刘晓兰 |
| 关红艳 | 许建社 | 孙大力 | 孙文磊 | 孙亮波 | 孙 晓 | 苏 磊 | 李卫国 | 李世杭 | 李永松 |
| 李 坤 | 李 岩 | 杨恩源 | 杨 敏 | 肖 乾 | 吴 伟 | 吴英海 | 吴承格 | 吴 宾 | 吴震昶 |
| 邱福生 | 何建红 | 余 斌 | 应鹏展 | 汪 军 | 宋文华 | 初 江 | 张东生 | 张 旭 | 张庆才 |
| 张宏友 | 张青雷 | 张 杰 | 张金标 | 张建中 | 张益勋 | 张 海 | 张 慧 | 陆 爽 | 陈义保 |
| 陈昌成 | 陈佳良 | 陈 瑛 | 陈 鹏 | 范起来 | 范晓龙 | 林义淋 | 林世仁 | 林炳承 | 枣 林 |
| 郁舒兰 | 罗陕陕 | 竺志超 | 金成根 | 金国光 | 周 捷 | 周新建 | 练培刚 | 项建华 | 赵 毅 |
| 胡学文 | 胡建中 | 宫爱红 | 费洪星 | 贺健强 | 耿桂宏 | 莫 蓉 | 贾炳乾 | 顾国强 | 徐九南 |
| 卿宏军 | 高 允 | 高军翔 | 高显宏 | 高 强 | 郭兰中 | 郭 晨 | 唐学进 | 谈迎光 | 陶瑞峰 |
| 黄 勇 | 黄勇军 | 梅 宁 | 曹建树 | 曹振旺 | 盖玉收 | 彭 文 | 蒋建军 | 焦 阳 | 焦凯亮 |
| 曾旭东 | 雷承文 | 简 彪 | 雍俊海 | 翟秋全 | 熊光彩 | 樊 江 | 潘 卓 | 潘春荣 | 薛运锋 |
| 霍永朝 | 戴维麟 | 魏建军 | 瞿广飞 | | | | | | |

# 本书编审委员会

## + 主 编：

霍有朝

## + 副主编：

叶 克　郑伶俐　靳美艳　匡 伟

## + 编 委：

马小伟　王晓明　王海萍　成 畅　朱丙义

刘笑天　刘银龙　闫文平　闫 蔚　孙凤霞

李 强　肖 程　张东辉　赵京鹤　赵莉红

赵勇成　顾吉仁　唐继武　谭巧芳　薛善军

## + 审 委：

任 霞　华建慧　吴英海　曾 亮

# 版权声明

## 🞤 数字工匠，匠心之路

当前，新一轮科技革命和产业变革席卷全球，蓬勃发展的数字经济（Digital Economy）正在开创继农耕经济、工业经济之后人类社会的新时代！

在数字经济时代，数字技术的创新进步和普及应用，成为时代变迁的决定性力量。三维数字化技术（3D 技术）是工业化和信息化两化深度融合与产业转型升级、创新驱动发展的推动力，是 CPS( Cyber-Physical Systems，信息物理系统）与数字经济的基础设施，是工业界与文化创意产业广泛应用的共性工具技术，贯穿于产品设计、制造、管理、市场营销、服务、消费等各个环节，是开启"工业 4.0"、"工业互联网"和"互联网 +"时代的竞争起点，也是实现中国制造 2025、"以信息化培育新动能，用新动能推动新发展，做大做强数字经济"的基础支撑和保障。

3D 数字化、VR/AR、3D 打印、大数据、人工智能、物联网等三维数字化技术，依托先进的软硬件平台及各种通信高速路，正在创造一个万物互联的 Cyber 数字世界，Digital Twin（数字孪生）、CPS 将不仅是现实物理世界的虚拟映像，而且正在成为人类社会的新空间、新疆界！

**时势造英雄！** 3D 数字工程师正在强势崛起，必将用数字工匠精神谱写新匠心之路。

# ⊕ 以三维数字化技术为基础的创新模式

　　随着工业与信息化的快速融合与发展，工程语言从二维向三维转变，计算机辅助绘图向计算机辅助设计转变，数字化设计向虚拟设计、智能设计发展。用三维模型表达产品设计理念更为直观、高效，基于包含了质量、材料、结构等物理、工程特性的三维数字化功能模型，可以实现真正的虚拟设计和优化设计。数字化设计、数字化仿真、数字化制造共同构成现代制造业的创新基础，高效的数字化研发、数字化生产日渐成为企业发展趋势。

　　现在，工业与工程领域的工程师、设计师都在以 3D 数字模型作为基础"语言"进行沟通、协作。这种以 3D 数字模型"语言"为基础的思维表达方式也成为设计师、工程师区别于作家、演员等其他职业的一个最显著特点。

　　在当前制造业全球化协作分工的大背景下，我国企业已广泛深入地应用三维数字化技术，高等院校也在加大三维数字化创新设计方面的教育力度，这是大势所趋。

# 前 言

  多年来，我们都渴望三维数字化创新设计能像传统二维机械制图一样，配备高标准的案例集和训练手册。在今天这样一个 3D 数字化的时代，不仅学校的师生、全国 3D 大赛的参赛选手、热爱创新的创客，而且许多从事工业产品设计、研发、管理人员，也需要系统地、全方位地认知 3D 数字化，掌握新的数字化创新设计技术。然而，这方面的需求一直得不到满足，因为编写这样的案例集、训练手册的工作量实在巨大，涉及案例的精选、数字化的制作、云技术的集成等。幸运的是，在全国 3D 大赛评审专家委员会、北京航空航天大学出版社和许多高校、企业的共同努力和配合下，数字工坊及作者历时两年时间完成了本书的编写工作，将这种期望变为现实。数字工坊是一个 3D 数字化技术创新应用服务平台，同时也是全国 3D 大赛数字技术创新项目、优秀创业团队的孵化基地。数字工坊秉承数据传递价值，数据实现价值理念，是国内首家以 3D 模型数据为核心的数字技术服务商。

  本书通过全面梳理三维数字化设计理念、技术、方法，精选了 100 余个行业典型应用案例，有效地融合了机械、产品等专业的传统理论知识，带领本书的实践者从零基础开始，step by step，全面理解、掌握数字化创新设计。

  读者通过本手册介绍的实践训练，可达到 3D 六级水平（即可以综合运用三维数字化技术独立完成专业任务、项目），这将为其在现代工业体系中从业或创新创业提供技术保障及可持续竞争力。

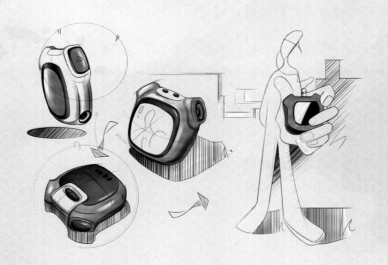

## 本书为谁而写 :

如果您是学子、创客，正想把自己的 idea 设计并制造出来，或者您未来计划从事工业产品、机械、机电等相关设计与制造工作，那么这本书就是为您准备的。本书将一步步带您掌握数字化设计、逆向设计、3D 打印及创新设计。

如果您是传统机电、CAD、机械制图等相关专业的教师，本书中的经典案例将帮助您更好地组织课程内容，让课程更生动、更富有参与性。因此，本书可以作为传统机电、CAD、机械制图等相关专业的配套实践训练手册。

如果您是创新大赛团队、创新实践团队的组织教师，本书中的项目式案例将能极好地启发团队的创新思维，帮助团队成员按计划自主学习并完成创新设计作品。

## 本书特点 :

本书的基本理念是"大处着眼，小处着手"。在内容策划上既会告诉读者"三维数字化创新设计能做什么"，也会按照"从何做起，怎么做"来逐步规划。

本书编写是以项目案例为导向的，内容精心挑选，包含大量行业实际的项目案例。这些项目案例强调设计思路、设计方法与设计步骤，而不局限于软件操作。

书中有"闪电哥"——三维数字化设计达人——帮助初次接触三维数字化设计的读者逐步建立工程师、设计师的职业思维模式。

本书配有一个基于 3D 云技术的讨论社区。学习者在案例训练过程中，只需用手机扫码就可进入讨论社区，在线浏览 3D 模型数据，在线进行项目案例讨论。指导教师也能够方便地用在线三维模型数据进行现场指导及布置教学任务。

本书设有 3D 数字化能力认证、全国 3D 大赛及职业规划两章，让每一位"数字工匠"有更广阔的发挥舞台。

为了更直观有效地表达内容，本书采用了符号约定，举例说明：

"编号：JXZL01_02"表示"草图绘制专项案例"第 2 个案例。每个案例都设有一个唯一的编号，以方便读者沟通交流，查找案例模型、教学资源等。注：在装配文件中，总装配图纸编号与案例编号是一致的。

"参考时间：10 分钟"表示完成该案例平均用时10 分钟。在时限内完成该案例表示设计效率较高。每个案例都有参考时间，可以帮助初学者对案例训练熟练度进行评估。

"难度：  "表示该案例为一星级案例。星级是书中案例难度等级表达方式。一星级案例难度、复杂度最低，五星级案例难度、复杂度最高（如右图所示）。读者所能完成的项目案例的难度体现读者在 3D 数字化设计方面所拥有的战斗力水平。快来加入训练，挑战 3D 数字化设计五星级案例，获取"吕布"级战力，过关斩将吧。

嗨~~大家好！
我是一名结构设计师，也是一位知识渊博、思维严谨的三维数字化设计达人。
我喜爱创新，喜爱钻研，喜欢把知识、经验传递给每一个爱学习的人。
我喜欢红色领带，因为那是国旗的颜色。
我喜欢帮人指点迷津，人称"闪电哥"！

# 配套在线资源：

本书配套了三种类型在线资源。

1. 书中案例配套练习素材，例如装配案例练习所需的零部件模型等，可通过百度网盘链接或扫描二维码进行下载。

百度网盘下载地址：https://pan.baidu.com/s/1TKf9tcsqigphPdGqK5jl0Q

2. 书中案例 3D 模型在线扫码浏览以及项目案例在线交流。

每个模型都对应一个二维码，扫描二维码可以在线浏览三维模型，并可以对模型进行移动、旋转、缩放、剖切、装配模型的爆炸等操作。模型下方有评论区，可交流分享。三维模型展示及交流由"图纸通"（武汉新迪数字工程系统有限公司）提供 3D 云技术支持。

3. 书中案例 3D 数字化设计过程视频课程。

在谛国学堂（即 3D 数字化在线学习平台）内，围绕本书项目案例的软件设计实践课程，例如 CATIA、Solidworks、UG/NX、CREO、DesignX 等项目案例课程将陆续上线。读者可扫描二维码，在谛国学堂主页内搜索"三维数字化创新设计手册"查找课程、报名学习。

本书已经过多次审校，如有疏漏之处，恳请广大读者指正。作者电子邮箱：szgjbook@3ddl.org，读者交流微信号：SZGF_001。

作者

2019 年 6 月

# 目 录

## + 第 3 章

# 如何获得 3D 数字化能力认证 153

## + 第 4 章

# 如何参加全国 3D 大赛、展现自我 159

# 第 1 章
## 数字化设计应用案例展示

配套在线课程

3D 四六级认证系统

全国 3D 大赛

# 1.1 典型作品展示

## ■ 运输机数字化设计（设计软件：CATIA）

自从波音777宽体客机大面积采用数字化技术研发以来，世界上各个飞机制造企业都在向数字化技术的方向发展，数字化设计与制造已成为代表飞机技术先进性、安全可靠性、协作高效性和使用寿命长的标志。飞机研制过程中已全面采用数字化的三维设计、虚拟装配、并行工程等，对产品实施全生命周期管理。

## ■ 汽车白车身数字化设计（设计软件：NX）

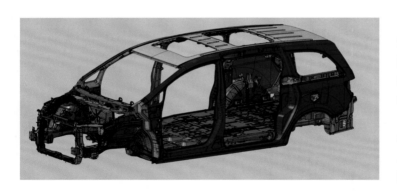

当今技术创新、产品创新能力成为汽车企业生存与发展的关键。以CAD（计算机辅助设计）、CAE（计算机辅助工程分析）、CAM（计算机辅助制造）和PDM（产品数据管理）系统为基础的集成数字化设计和虚拟开发技术的应用已经成为国际汽车工业发展的主要标志之一。

## ■ 汽车发电机用碳刷架的模具数字化设计（设计软件：NX）

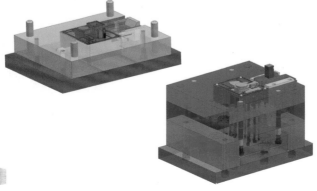

传统模具加工，在技术上过度依赖钳工作业并以钳工为核心的生产管理模式，正逐渐被以数字化技术为核心的CAE分析、CAD精细模面设计、CAD三维结构设计和CAM全数字化高速加工所替代，CAD/CAE/CAM一体化集成系统技术在新兴模具企业得到越来越广泛的应用，推动模具工业向着周期更快、品质更高、成本更低的方向发展。

## ■ 副车架逆向设计（设计软件：Design X）

工业设计中应用逆向工程技术，不是传统意义上的"仿造"，而是综合运用现代工业设计的理论与方法、测量学、CAD 技术及有关专业知识，通过系统的分析研究，短周期内快速地开发出具有高附加值、高技术水平新产品的工程应用，是产品设计的新方法。逆向设计 3D 数据流是从实物（Real Objects）到点云（Point Cloud）、面片（Polygonal Mesh）、工业 CAD 的数据传递过程。

## ■ 维特鲁威人数字化 3D 打印

（打印设备：弘瑞 Z600）

## ■ 乐器小鼓数字化展示

（设计软件：Keyshot）

互动性的光线追踪、全域光渲染等数字化可视技术快速发展，让设计师无需复杂的设定即可产生照片般真实的 3D 渲染影像。如今产品开发者可以在产品甚至产品样品未制造出来之前，通过非常真实的产品信息可视化效果进行产品验证、评估、营销等。

维特鲁威人是 500 多年前达·芬奇创作的世界著名的素描作品。通过数字化设计及 3D 打印技术将其进行立体还原，让大家切身感受到文艺复兴时期达芬奇对完美比例人体的诠释。作品长 50 cm、宽 40 cm、高 100 cm，采用多块拆分拼装的方式进行 3D 打印制作，应用 FDM（熔融沉积成型）技术耗时 72 小时完成。

# 1.2 全国 3D 大赛优秀作品展示

## ■ 逆行（2008 年·第一届）

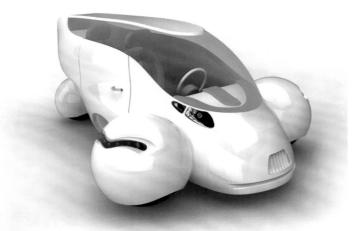

**怀化学院 3D 团队**

设计软件：Rhino 等

设计主题：利用"仿生鱼"把污水净化，用异于常理的方式改善自己的生活方式。

专家点评：工业设计流畅。"使用的能源为废水，用污水培养厌氧细菌，通过三羟酸循环产生氢气作为动力系统的能源，使用后的污水被净化排出"这一概念设定创新性突出。

## ■ 航空母舰——"毛泽东"号（2009 年·第二届）

**济南大学 FisTeam 团队**

设计软件：Pro/E 等

设计主题：航母象征着国家强盛、海军强大、国家综合实力和科技实力强大；设计航母，报效国家。

专家点评：FisTeam 团队设计"毛泽东"号航母作品时，中国"辽宁"号航母尚未交付。对于航母设计的每一个环节，包括桅杆、护栏、甚至探照灯等，团队都专门请教青岛造船厂的工程师，数字工匠匠心精神值得赞扬。

## ■ "鲨"号多功能摩托车（2010年·第三届）

### 厦门大学嘉庚学院　鲨之翼队

设计软件：Pro/E 等

设计主题："鲨"号，在不失鲨鱼凶悍本性的同时，具有其固有的流线形曲线美。

专家点评：外观仿生设计独特。摩托车结构设计有创新点，后轮在应对不同路面时可发生变形，行驶在雪地、沙地等路面时前轮带一个滑雪板，行驶在公路路面时该滑雪板变成挡泥板。

## ■ 新型花生联合收获机（2013年·第六届）

### 东华大学　飞灵 2013 团队

设计软件：Solidworks 等

设计主题：在花生机收率逐年递增的今天，全程机械化联合收获机是农民新的目标。

专家点评：项目选题符合团队专业背景，符合大的时代背景。农业装备和产业技术改造的自动化技术是当前我国推进农业与农村经济可持续发展的重要途径。项目成果——花生联合收获机数字样机的结构设计合理，机构实现了设计目标，商业开发价值较高。

## ■ 60 年万吨高速棒材生产线（2014 年·第七届）.............................

**福建工程学院　TNT2S 团队**

设计软件：Pro\E 等

设计主题：以提高生产效率、降低次品率的生产，提高产品质量、自动化管理为研究重点，开展此次 60 年万吨高速棒材生产线的设计。

专家点评：项目选题切入点准确，数字化设计始终围绕研究目标开展。最终设计成果的工程实用性很强，并通过数字化的方式全面展示了棒材生产线的生产过程。

## ■ 新型多功能公路铣刨机（2015 年·第八届）.............................

**无锡交通高等职业技术学院　The Leaders 团队**

设计软件：UG/NX 等

设计主题：市政道路和高等级公路建设突飞猛进，路面养护和再生设备路面铣刨机成为道路养护专家和施工单位的关注焦点。

专家点评：项目模块化设计思想突出，可拆卸基座的结构安装更换方便，可小范围更换，降低成本。产品零件、部件结构设计准确，数字样机设计突出。

## ■ 可动机器人 3D 打印（2016 年·第九届）

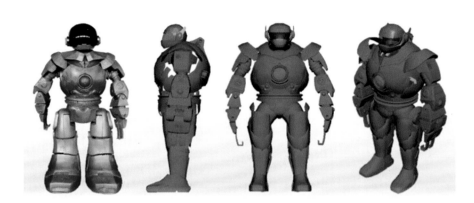

**广州工程技术职业学院　3D 打印痴迷团队**

设计软件：Maya

设计主题：当今科技飞速发展，数字化设计与数字化制造可动机器人应运而生。

专家点评：机器人构思、结构设计严谨。机器人 3D 打印制作、3D 打印后处理、喷漆上色效果好。3D 打印技术，
　　　　　成全每个人一个复刻回忆的心愿。

## ■ 蓄电池再制造分选线（2018 年·第十一届）

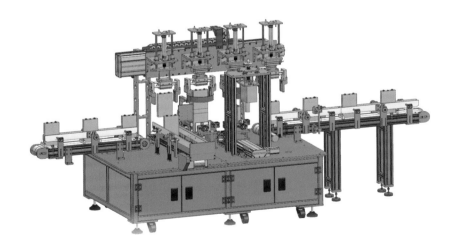

**武汉科技大学　创想者团队**

设计软件：Solidworks 等

设计主题：蓄电池的使用和报废率逐年升高，蓄电池的回收、检测、拆解、清洗、再制造成为该行业的重要发展趋势，
　　　　　以此背景下设计了蓄电池再制造分选线。

专家点评：设备结构设计巧妙，具有工作稳定性好、工作效率高、误判率低等优点，非常适合自动化产线。设备
　　　　　图纸绘制仔细，视觉效果也非常好。

# 第 2 章
## 三维数字化创新设计特训

配套在线课程

3D 四六级认证系统

全国 3D 大赛

# 2.1　草图绘制专项案例

**设计任务：**

1. 按图示尺寸绘制草图。
2. 添加尺寸约束及形位约束。

草图绘制一般流程：

1. 确定绘制草图的基准平面；
2. 绘出草图的大概轮廓形状；
3. 给草图轮廓线添加尺寸约束和形位约束；
4. 检查草图是否完全约束。

## ■　直线专项

编号：**JXZL01–01**

难度：★

参考用时：**10 min**

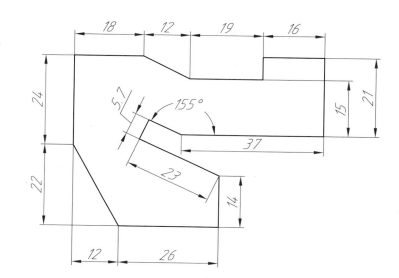

## ■　直线与圆弧专项

编号：**JXZL01–02**

难度：★

参考用时：**10 min**

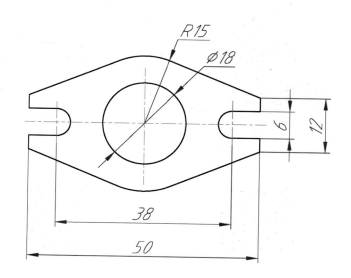

**设计任务：**

1. 按图示尺寸绘制草图。
2. 添加尺寸约束及形位约束。

草图必须依附于一个平面，可以在任意的平面或利用现有的几何体上的平面构建草图。

注意：在几何体特征上构建草图，草图是与特征有关联的，当特征发生变化时草图位置会发生变化。

你知道吗？"辅助线的应用、角度的约束、椭圆的定位"是这个任务的重点哟！

## ■ 椭圆专项

**编号：JXZL01-03**

**难度：**

**参考用时：10 min**

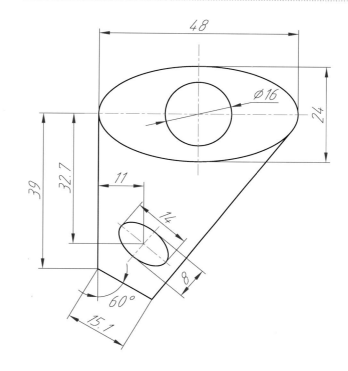

## ■ 相切圆弧专项

**编号：JXZL01-04**

**难度：**

**参考用时：10 min**

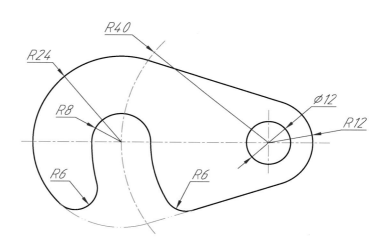

**设计任务：**

1. 按图示尺寸绘制草图。
2. 添加尺寸约束及形位约束。

怎么有那么多相似的特征？！

哈哈，猜对啦！只需要一个圆形阵列就可以解决问题啦！

为什么要完全约束呢？

没有完全约束的图形会随着鼠标的拖拽而移动，导致在其基础上建立的三维实体产生变化。因此对于草图对象，需要对其进行完全约束以保证草图的精确性与可修改性。

## ■ 镜像专项

编号：**JXZL01-05**

难度：★

参考用时：**10 min**

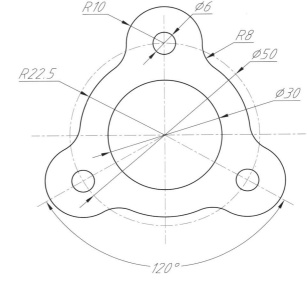

## ■ 阵列专项

编号：**JXZL01-06**

难度：★

参考用时：**10 min**

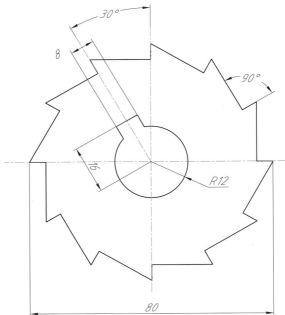

设计任务：

**设计任务：**

1. 按图示尺寸绘制草图。
2. 添加尺寸约束及形位约束。

尺寸约束：是建立草图对象的尺寸（如一条直线的长度、一段圆弧的半径等）或者两对象间的关系（如在两点间距离）。一个尺寸约束看上去如同在工程图上的一个尺寸，改变草图尺寸值，与其关联的实体特征也随之改变。

要点：圆弧与圆弧的相切约束。

## ■ 偏置曲线专项

编号：**JXZL01-07**

难度：

参考用时：**10 min**

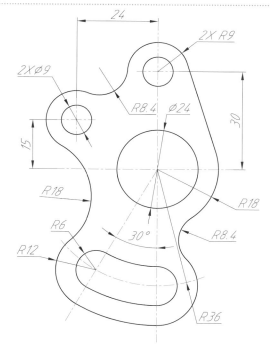

## ■ 草图定位专项

编号：**JXZL01-08**

难度：

参考用时：**10 min**

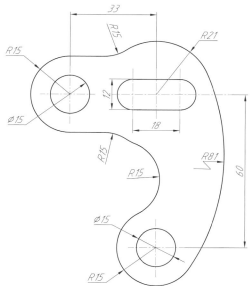

## 设计任务:

1. 按图示尺寸绘制草图。
2. 添加尺寸约束及形位约束。

# ■ 不规则图形专项

**编号: JXZL01-09**

**难度:** ★★★

**参考用时: 20 min**

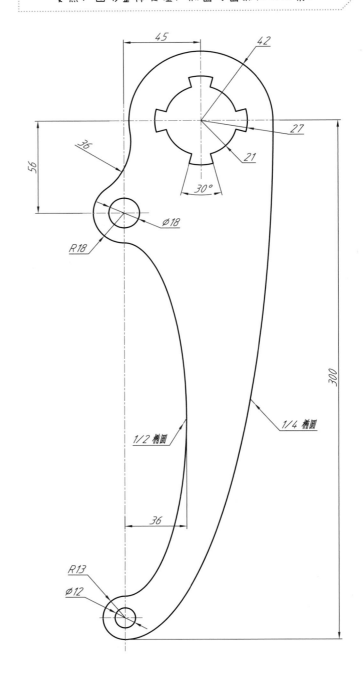

**设计任务:**

1. 按图示尺寸绘制草图。
2. 添加尺寸约束及形位约束。

草图约束状态分三种:
1. 欠约束; 2. 过约束; 3. 完全约束。
要点: 对称图形的绘制; 图形基准位置的选择。

## ■ 镜像综合训练

编号: **JXZL01–10**

难度:

参考用时: **20 min**

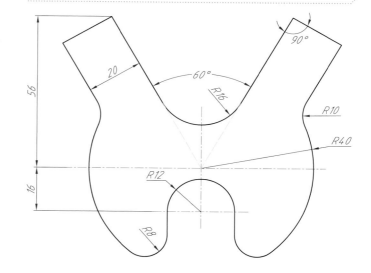

## ■ 相切综合训练

编号: **JXZL01–11**

难度:

参考用时: **20 min**

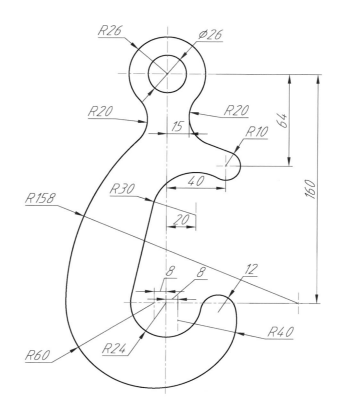

1. 绘制草图，添加约束。
2. 根据表格所提供的数据完成测量。

要点：全约束图形的尺寸修改；测量工具的应用。
参数关联：受到约束的尺寸参数间可建立相互的关联关系（例如：圆半径 A= 矩形边 C/2）。

## ■ 可变参数训练

编号：**JXZL01-12**

难度：⭐⭐⭐

参考用时：**30 min**

| A | B | C | D | 最外轮廓周长 | 阴影部分的面积 |
|---|---|---|---|---|---|
| 78 | 60 | 45 | ? | ? | ? |

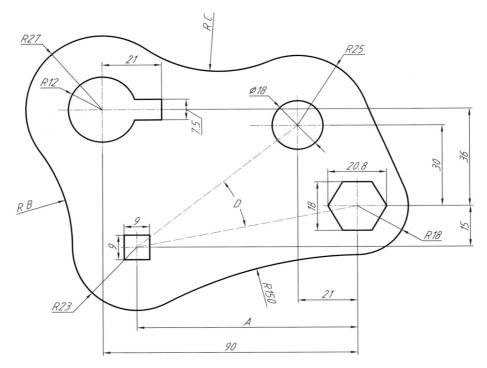

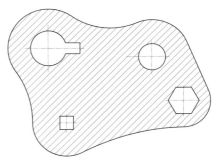

# 2.2 点、线、面专项案例

**设计任务：**

1. 根据图示五角星，按比例创建顶点（尺寸自定），连接顶点构成五角星线架。
2. 根据图示正四面体，创建基准点、面，构建正四面体线架（尺寸自定）。

任何零件的几何模型都是由点、线、面、体这样一些基础元素构成，其中构建基准点、线、面是创建复杂产品零件模型的基础。再长的路，一步步也能走完；再短的路，不迈开双脚也无法到达。Let's do it!

## ■ 五角星

编号：**JXZL02–01**

难度：

参考用时：**10 min**

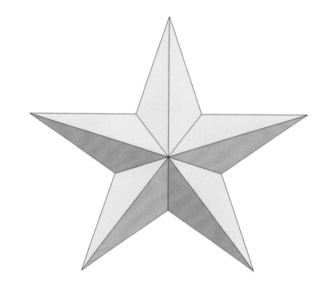

## ■ 正四面体

编号：**JXZL02–02**

难度：

参考用时：**10 min**

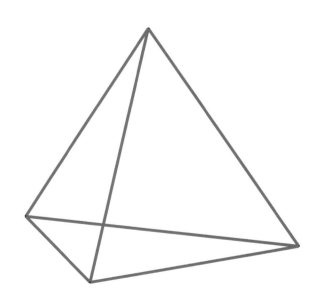

## 设计任务：

1. 根据图示钻石图形，按比例创建顶点（尺寸自定），连接顶点构成钻石线架，填充各区域面。
2. 根据图示：
   1）过三点画圆（30，0，0）、（0，30，0）、（0，0，30）。
   2）与 ZY 平面成 45°的平面上画圆，圆心在第一个圆上，直径为 20。
   3）再画 2 个等半径的圆，此 3 个圆心将第一个圆三等分。

此案例需要注意空间法平面的运用哦！
法平面是指过空间曲线的切点，且与切线垂直的平面，即垂直于虚拟法线的平面。

## ■ 钻石

编号：**JXZL02-03**

难度：

参考用时：**20 min**

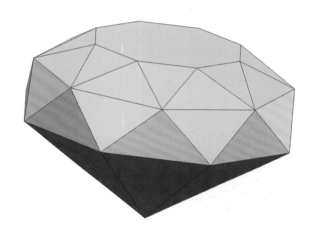

## ■ 法平面上建线

编号：**JXZL02-04**

难度：

参考用时：**10 min**

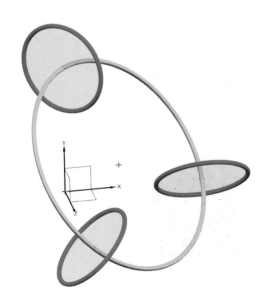

# 2.3 坐标系与基准专项案例

**设计任务：**

1. 建立如图所示的绿色、蓝色和紫色坐标系。
2. 在零件重心处建立与绿色坐标系各轴平行的坐标系，如图中青色坐标系所示。

要点：自定义坐标系的创建，零件重心测量。
模型下载地址：https://pan.baidu.com/s/1Eo1BE6ad0Q99mTuk-z4FVg

不怕路长，只怕志短。

扫码下载模型

## ■ 坐标系

编号：**JXZL03-01**

难度：

参考用时：**10 min**

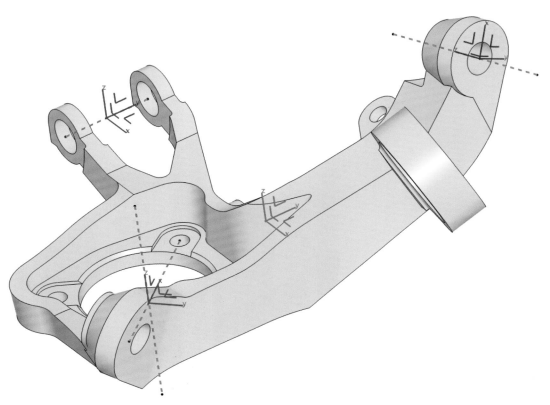

根据提供的 JXZL03_02.stp 文件，移动零件位置（或者调整角度），使上表面的一个圆点与绝对坐标原点重合，X 轴、Y 轴分别平行于上表面的两条直角。

此案例重点是移动零件，而不是调整用户坐标系哦。
模型下载地址：https://pan.baidu.com/s/15xPkEBrXXXsqhoc-vvh69A

*Design is for living*

扫码下载模型

## ■ 移动体

编号：**JXZL03–02**

难度：

参考用时：**20 min**

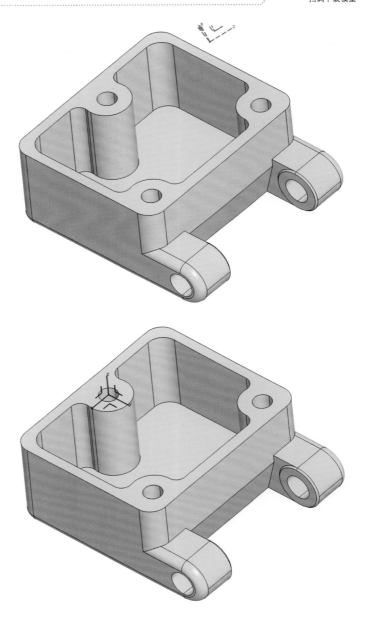

# 2.4 产品基础建模与工程制图专项案例

## ■ 基础建模

编号：**JXZL04–01**

难度：

参考用时：**15 min**

设计任务：
1. 根据零件图纸完成零件三维设计。
2. 独立完成该零件的机械制图，图纸须符合机械制图国家标准。

按照颜色拆分的步骤，逐步进行设计。相信自己，你行的！

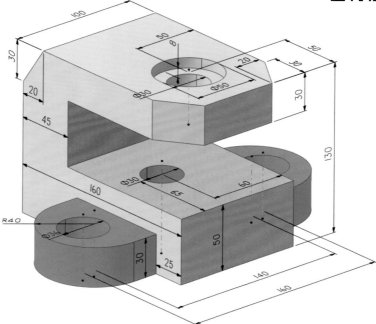

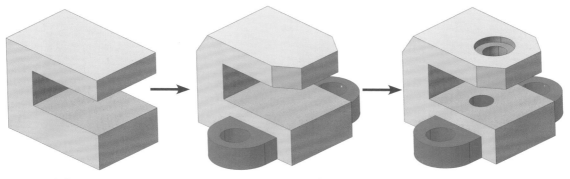

创建零件主体　　　　　添加主体两侧特征　　　　　添加孔特征

## ■ 回转体建模

编号：**JXZL04-02**

难度：

参考用时：**15 min**

**设计任务：**

1. 根据图示尺寸完成零件建模。
2. 完成该零件的工程制图，图纸须符合机械制图国家标准。

创建回转体三步曲：首先选择在一个平面上绘制截面线，然后确定旋转轴，最后输入回转角度。好啦，大功告成！

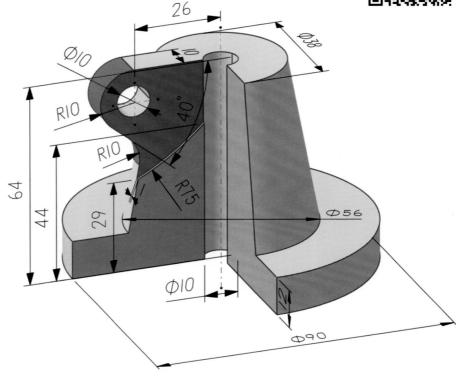

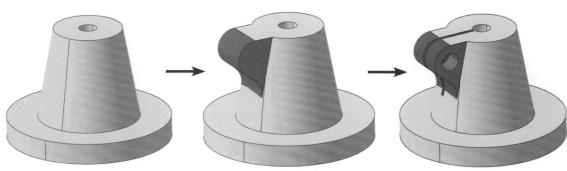

创建零件主体　　　　　拉伸实体　　　　添加孔特征，并拉伸除料

## ■ 斜面建模

**编号：JXZL04-03**

**难度：** ⭐

**参考用时：20 min**

**设计任务：**
1. 根据图示尺寸完成零件建模。
2. 完成该零件的工程制图，图纸须符合机械制图国家标准。

你知道红色特征怎么创建吗？重点是建立30°的斜平面哟。

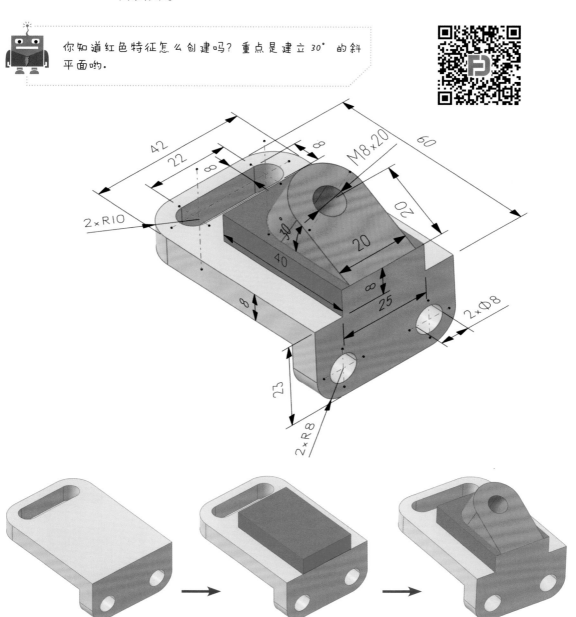

创建零件主体　　　　　　拉伸实体　　　　　　创建斜平面，拉伸实体，并创建螺纹孔特征

## ■ 加强筋的运用

编号：**JXZL04–04**

难度：

参考用时：**20 min**

设计任务：
1. 根据图示尺寸完成零件建模。
2. 完成该零件的工程制图，图纸须符合机械制图国家标准。

 是时候展现真正的技术了！

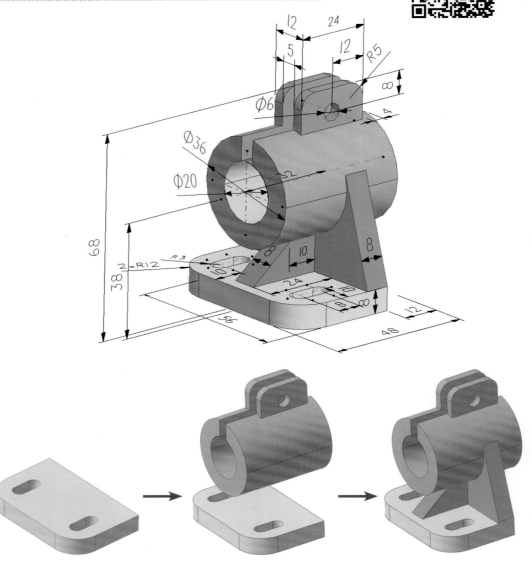

创建零件底板　　　拉伸实体，创建零件上面部分　　　拉伸实体，创建支撑部分

# ■ 布尔运算

**设计任务：**

1. 根据图示尺寸完成零件建模；完成该零件的工程制图，图纸须符合机械制图国家标准。
2. 修改模型尺寸及孔特征：将 R15 改成 R10；将所有 Φ24 改成 Φ20。

难度：★★

参考用时：**40 min**

大家先以这个案例热身，学习掌握三视图投影、工程图基础知识。

工程图还有 30 s 到达战场，做好准备，碾碎它们！！！

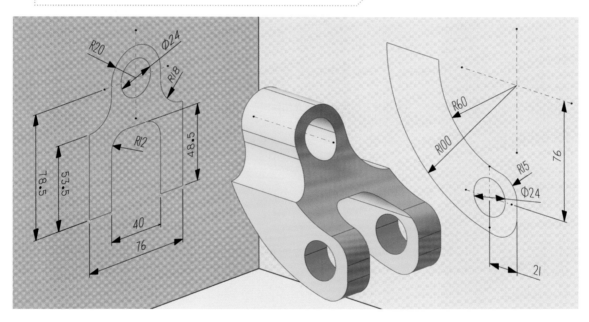

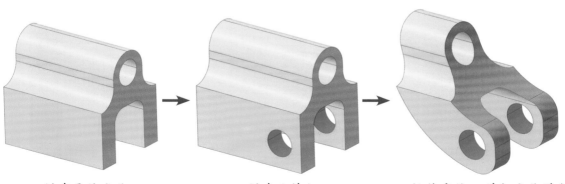

创建零件主体　　　　　　创建孔特征　　　　　　拉伸实体，并与主体进行布尔求差

## ■ 侧面挡块

编号：**JXZL04-06**

难度：

参考用时：**15 min**

设计任务：
1. 根据零件图纸完成零件三维设计。
2. 独立完成该零件的机械制图，图纸须符合机械制图国家标准。

零件设计一般流程：
1. 确定绘制草图的基准平面，绘制零件主体草图轮廓；
2. 完成零件主体基于草图构建；
3. 添加特征（如拔模、倒圆角等）；
4. 检查零件并进行适当的调整和修改。
此零件属于机械加工类零件，设计此零件时要掌握机械图纸的视图、标注、技术要求等哦。

---

### 1 绘制草图

1. 打开设计软件，新建零件模型文件，文件名称为 JXZL04-06。
2. 选择 XY 平面作为草图平面，进入草图编辑环境，使用"轮廓线"工具绘制如右图所示的主体轮廓线。
3. 添加尺寸约束（例如长度、角度等）和形位约束（水平、竖直、垂直等），使草图完全约束。

---

### 2 创建主体

拉伸：
1. 选择第 1 步创建的草图作为截面。
2. 从草图截面开始拉伸，拉伸长度为 50 mm。
3. 拉伸方向垂直于草图平面。

---

### 3 完善主体

拉伸除料：
1. 选择 ZX 平面作为草图平面绘制草图。
2. 拉伸草图形成实体（实体厚度足够厚）。
3. 将拉伸的实体与黄色主体做布尔求差操作。

---

### 4 优化模型

U 形孔：
1. 选择实体表面作为草图平面绘制草图。
2. 将草图全约束（注意孔的定位）。
3. 拉伸草图，拉伸长度足够长。
4. 将拉伸的实体与第 3 步创建的主体做布尔求差操作。
5. 保存文件，完成零件设计。

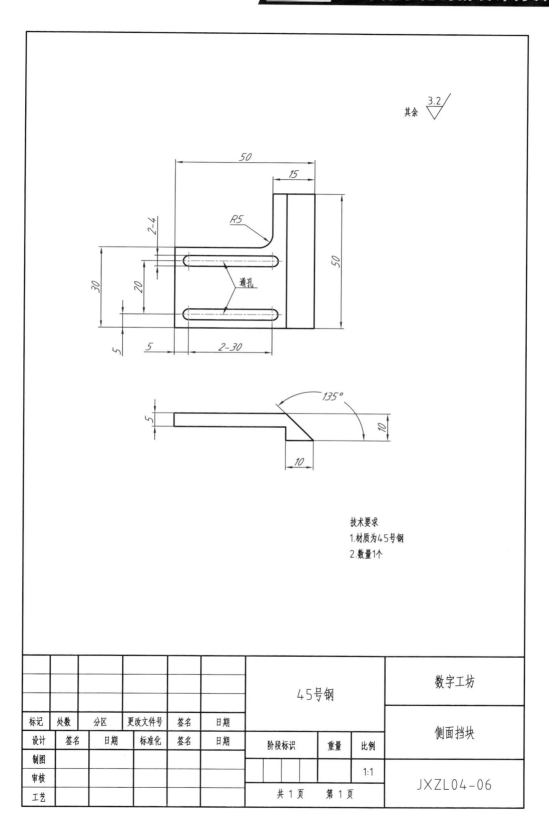

其余 3.2

技术要求
1.材质为45号钢
2.数量1个

| 标记 | 处数 | 分区 | 更改文件号 | 签名 | 日期 | | | | 45号钢 | | 数字工坊 |
|------|------|------|-----------|------|------|------|------|------|------|------|------|
| 设计 | 签名 | 日期 | 标准化 | 签名 | 日期 | | | | | | |
| 制图 | | | | | | 阶段标识 | 重量 | 比例 | | 侧面挡块 | |
| 审核 | | | | | | | | 1:1 | | | |
| 工艺 | | | | | | 共 1 页 第 1 页 | | | | JXZL04-06 | |

# ■ 合页转动板

编号：**JXZL04-07**

难度：

参考用时：**15 min**

**设计任务：**
1. 根据零件图纸完成零件三维设计。
2. 独立完成该零件的机械制图，图纸须符合机械制图国家标准。

此零件属于铸造类零件。

设计此零件时要掌握机械图纸的视图、标注、技术要求等。工程图纸的阅读能力很重要，需要掌握每个细节，才能把零件建立得准确无误哦！

零件设计过程中，"拉伸"命令较为常用。那么，什么是拉伸呢？拉伸就是通过在一指定的方向上扫描截面线串，沿一线性距离建立实体。

| | |
|---|---|
| **1** **绘制草图** | 1. 打开设计软件，新建零件模型文件，文件名称为 JXZL04-07。<br>2. 选择 XY 平面作为草图平面，进入草图编辑环境，使用"轮廓线"工具绘制如右图所示的主体轮廓线。<br>3. 添加尺寸约束（例如长度、角度等）和形位约束（水平、竖直、垂直、相切等），使草图完全约束。 |
| **2** **创建主体** | 拉伸：<br>1. 选择第 1 步创建的草图作为截面。<br>2. 从草图截面开始拉伸，拉伸长度为 28 mm。<br>3. 拉伸方向垂直于草图平面。  |
| **3** **完善主体** | 拉伸除料：<br>1. 选择实体表面作为草图平面绘制草图。<br>2. 拉伸草图形成实体，拉伸厚度为 22 mm。<br>3. 将拉伸的实体与黄色主体做布尔求差操作。  |
| **4** **优化模型** | 增加特征：<br>1. 创建 3 个沉头孔，沉头直径为 17 mm，深度为 11 mm，孔直径为 11 mm（注意孔的定位要准确）。<br>2. 倒斜角：在凸台的两侧倒斜角，距离为 2 mm。<br>3. 倒圆角：在如右图所示位置倒圆角，圆角半径为 5 mm。<br>4. 保存文件，完成零件设计。  |

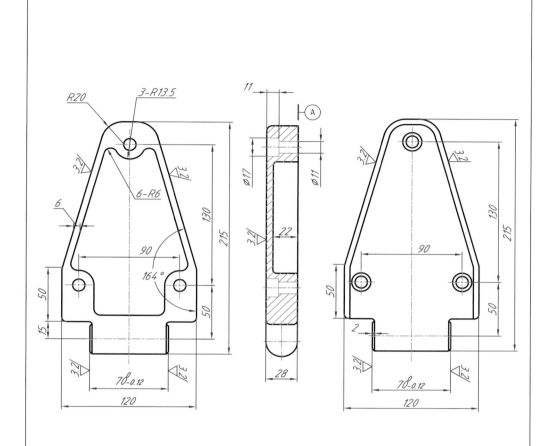

技术要求
1.精铸件，表面光滑无铸造缺陷，自然粗糙度<3.2\U+3bcom
2.Φ11孔一次装夹加工而成
3.加工时保证Φ11孔与A面的垂直度
4.未注圆角为R5

| 标记 | 处数 | 分区 | 更改文件号 | 签名 | 日期 | 铝合金 | | | 数字工坊 |
|---|---|---|---|---|---|---|---|---|---|
| 设计 | 签名 | 日期 | 标准化 | 签名 | 日期 | 阶段标识 | 重量 | 比例 | 合页转动板 |
| 制图 | | | | | | | | 1:2 | |
| 审核 | | | | | | 共 1 页　第 1 页 | | | JXZL04-07 |
| 工艺 | | | | | | | | | |

## ■ 把手

编号：**JXZL04-08**

设计任务：
1. 根据零件图纸完成零件三维设计。
2. 独立完成该零件的机械制图，图纸须符合机械制图国家标准。

难度：★★

参考用时：**20 min**

此零件属于铸造类零件。
铸件结构设计：保证其工作性能和力学性能要求。
考虑铸造工艺和合金铸造性能对铸件结构的要求，铸件结构设计合理与否，对铸件的质量、生产率及其成本有很大的影响。

| | | |
|---|---|---|
| **1** 绘制草图 | 1. 打开设计软件，新建零件模型文件，文件名称为 JXZL04-08。<br>2. 在 XY 平面上绘制草图 1，并使草图完全约束。<br>3. 在 ZX 平面上绘制草图 2，并使草图完全约束。 | 草图 1<br>草图 2 |
| **2** 创建主体 | 1. 拉伸草图 1，从草图平面开始拉伸，拉伸距离 60 mm。<br>2. 拉伸草图 1，从草图平面开始拉伸，拉伸距离为对称值 50 mm。<br>3. 将两个实体进行布尔求交操作。 | 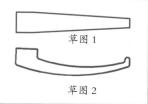 |
| **3** 完善主体 | 1. 在 XY 平面上绘制草图 3，并使草图完全约束。拉伸草图 3，从草图平面开始拉伸，拉伸距离 50 mm。<br>2. 在 ZX 平面上绘制草图 4，并使草图完全约束。拉伸草图 4，从草图平面开始拉伸，拉伸距离为对称值 50 mm。<br>3. 将两个实体进行布尔求交操作，再将得到的实体与第 2 步创建的黄色实体进行布尔求差操作。 | 草图 3<br>草图 4<br> |
| **4** 添加特征 | 创建螺纹孔特征：<br>1. 孔中心的定位参照图纸。<br>2. 孔深度 32 mm，螺纹深度 15 mm。 | 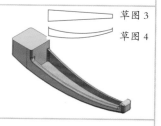 |
| **5** 优化模型 | 1. 创建倒圆角特征：为模型表面添加圆角特征优化模型，使模型表面光滑，便于加工生产。<br>2. 保存文件，完成零件设计。 |  |

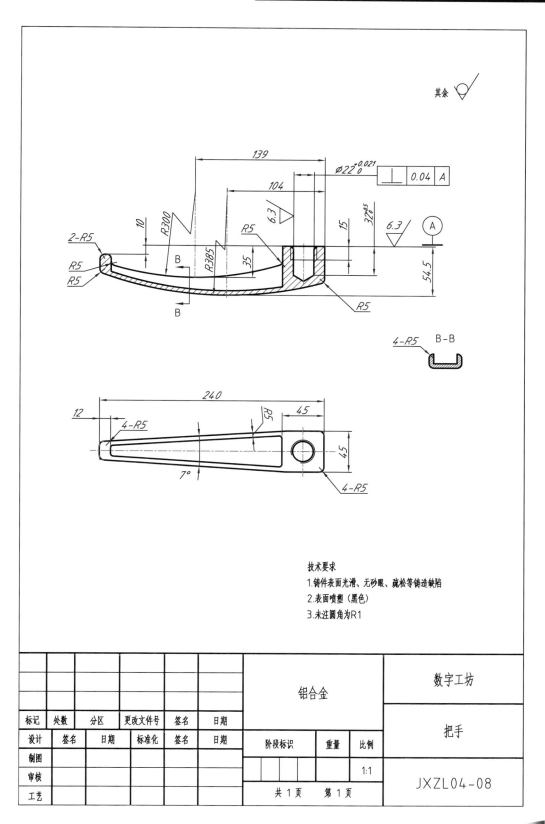

其余 √

技术要求
1.铸件表面光滑、无砂眼、疏松等铸造缺陷
2.表面喷塑（黑色）
3.未注圆角为R1

| | | | | | | 铝合金 | | | 数字工坊 | |
|---|---|---|---|---|---|---|---|---|---|---|
| 标记 | 处数 | 分区 | 更改文件号 | 签名 | 日期 | | | | | |
| 设计 | 签名 | 日期 | 标准化 | 签名 | 日期 | 阶段标识 | 重量 | 比例 | 把手 | |
| 制图 | | | | | | | | 1:1 | | |
| 审核 | | | | | | | | | JXZL04-08 | |
| 工艺 | | | | | | 共1页 第1页 | | | | |

## ■ 铸钢底盘

编号：**JXZL04-09**

**设计任务：**
1. 根据零件图纸完成零件三维设计。
2. 独立完成该零件的机械制图，图纸须符合机械制图国家标准。

难度：⭐⭐

参考用时：**20 min**

此零件属于铸造类零件。

铸件中筋的作用：1.增加铸件的刚度和强度，防止铸件变形；2.减小铸件壁厚，防止铸件产生缩孔、裂纹等缺陷。

铸件中筋的设计：1.加强筋的厚度值应适当，不宜过大，一般为被加强壁厚度的3/5～4/5。2.加强筋的布置应合理，具有较大平面的铸件，其加强筋的布置形式有直方格形、交错方格形。前者金属积聚程度较大，但模型及芯盒制造方便，适用于不易产生缩孔、缩松的铸件；后者则适用于收缩较大的铸件。

**1 创建主体**
1. 打开设计软件，新建零件模型文件，文件名称为 JXZL04-09。
2. 在 XY 平面上创建草图 1，并将草图全约束。
3. 拉伸草图 1，拉伸距离为 16 mm。

草图 1

**2 完善主体**
1. 在 XY 平面上创建草图 2，并将草图全约束。
2. 拉伸草图 2，拉伸距离为 10 mm。
3. 将实体与第 1 步创建的黄色实体进行布尔求差操作。

草图 2

**3 添加特征**
1. 在 XY 平面上创建草图 3，并将草图全约束。
2. 拉伸草图 3，拉伸距离为 22 mm。
3. 将实体与第 2 步创建的实体进行布尔求和操作。

草图 3

**4 增加结构**
1. 在 ZX 平面上创建草图 4，并将草图全约束。拉伸草图 4 得到如图示的的实体。
2. 将实体进行拔模，然后与步骤 3 得到的实体进行布尔求和操作。
3. 用同样的方式，在实体上增加如图所示另一结构。

草图 4

**5 优化模型**
1. 创建倒圆角特征：为模型表面添加圆角特征优化模型，使模型表面光滑，便于加工生产。
2. 保存文件，完成零件设计。

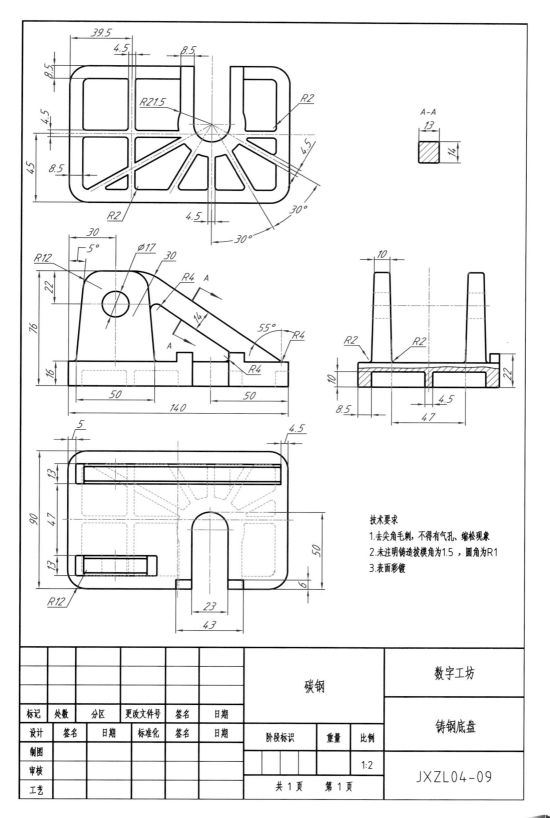

技术要求
1. 去尖角毛刺，不得有气孔、缩松现象
2. 未注明铸造拔模角为1.5，圆角为R1
3. 表面彩镀

| 碳钢 | | | | | | 数字工坊 | | |
|---|---|---|---|---|---|---|---|---|
| 标记 | 处数 | 分区 | 更改文件号 | 签名 | 日期 | | | |
| 设计 | 签名 | 日期 | 标准化 | 签名 | 日期 | 阶段标识 | 重量 | 比例 |
| 制图 | | | | | | | | |
| 审核 | | | | | | | | 1:2 |
| 工艺 | | | | | | 共 1 页　第 1 页 | | JXZL04-09 |

铸钢底盘

## ■ 底板

编号：**JXZL04-10**

难度：

参考用时：**20 min**

**设计任务：**
1. 根据零件图纸完成零件三维设计。
2. 独立完成该零件的机械制图，图纸须符合机械制图国家标准。

此零件属于机械加工类零件。
在设计此类零件的过程中，要理解机械加工零件的典型孔特征、倒角特征、内轮廓特征。
零件图纸上没有注明圆角半径的，默认半径取R5；没有注明倒角大小的，默认倒角取2×45°。锐角通常要倒为钝角。

---

### 1 创建主体

1. 打开设计软件，新建零件模型文件，文件名称为 JXZL04-10。
2. 在 XY 平面上绘制草图 1，并使草图完全约束。
3. 拉伸草图 1，从草图平面开始拉伸，拉伸距离 4 mm。

草图1

---

### 2 完善主体

1. 在 XY 平面上绘制草图 2，并使草图完全约束。
2. 拉伸草图 2，从草图平面开始拉伸，拉伸距离 10 mm。
3. 将实体与步骤 1 创建的实体进行布尔求和操作。

草图2

---

### 3 添加结构

1. 在 XY 平面上绘制草图 3，并使草图完全约束。
2. 拉伸草图 3，从草图平面开始拉伸，拉伸距离 22 mm。
3. 将实体与步骤 2 创建的实体进行布尔求和操作。

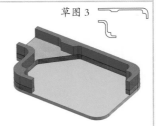
草图3

---

### 4 添加特征

1. 创建螺纹孔、简单孔、异形孔、倒斜角等特征。
2. 特征的位置及尺寸，根据图纸上的尺寸标注确定。
3. 保存文件，完成零件设计。

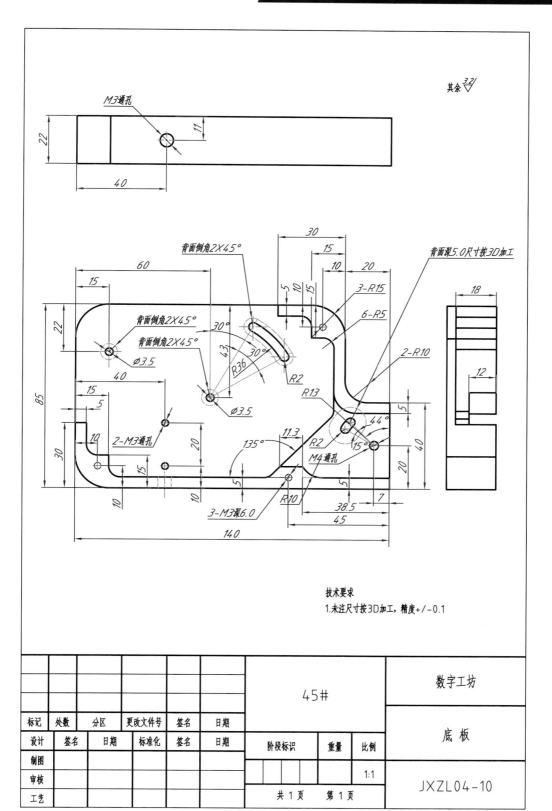

技术要求
1.未注尺寸按3D加工,精度+/-0.1

| | | | | | | 45# | | | 数字工坊 | |
|---|---|---|---|---|---|---|---|---|---|---|
| 标记 | 处数 | 分区 | 更改文件号 | 签名 | 日期 | | | | 底板 | |
| 设计 | 签名 | 日期 | 标准化 | 签名 | 日期 | 阶段标识 | 重量 | 比例 | | |
| 制图 | | | | | | | | 1:1 | JXZL04-10 | |
| 审核 | | | | | | | | | | |
| 工艺 | | | | | 共 1 页 第 1 页 | | | | |

# ■ 轴承

编号：**JXZL04-11**

此零件属于机械加工类零件。要注意图纸中的形位公差。形位公差包括形状公差和位置公差。

定义：加工后的零件会有尺寸公差，因而构成零件几何特征的点、线、面的实际形状或相互位置与理想几何体规定的形状和相互位置就存在差异，这种形状上的差异就是形状公差，而相互位置的差异就是位置公差，这些差异统称为形位公差。

---

## 1 绘制草图

1. 打开设计软件，新建零件模型文件，文件名称为 JXZL04-11。
2. 在 XY 平面上绘制草图 1，并使草图完全约束。

草图 1

---

## 2 创建主体

1. 创建回转体。
2. 以草图 1 为截面。
3. 以距离最长直边 37 mm 的直线为轴线。

---

## 3 完善主体

1. 在 ZY 平面上绘制草图 2，并使草图完全约束。
2. 拉伸草图 2，开始值为 15 mm，结束值为 48 mm。
3. 将实体与步骤 2 创建的实体进行布尔求和操作。

草图 2

---

## 4 添加特征

1. 创建沉头孔（如右图所示），沉头直径为 13.5 mm，沉头深为 8 mm，孔直径 10 mm，通孔。
2. 将沉头孔圆形阵列，阵列角度 120°，再生成 2 个沉头孔。

---

## 5 优化模型

1. 分别在相应的位置上创建倒圆角、倒斜角特征（为模型表面添加圆角、斜角特征优化模型，使模型便于加工生产）。
2. 保存文件，完成零件设计。

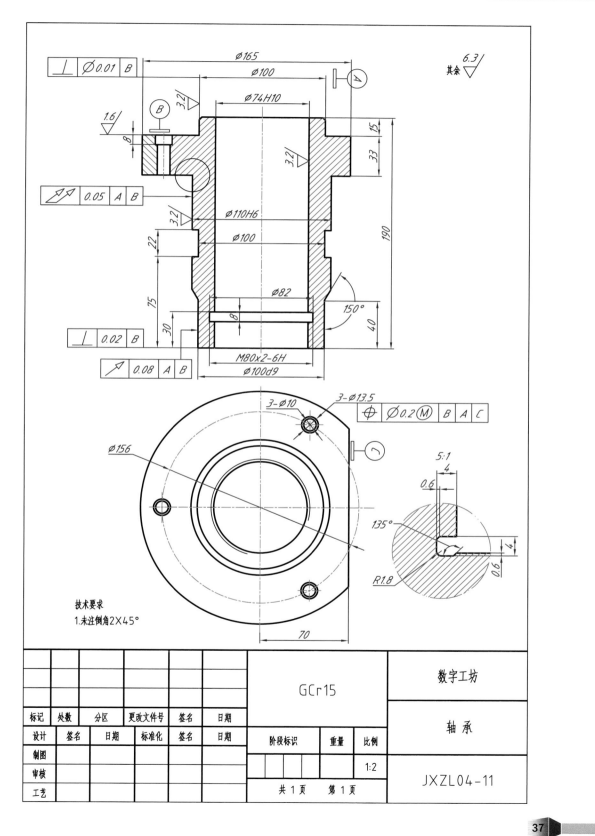

## ■ 止挡

编号：**JXZL04-12**

难度：

**设计任务：**

1. 根据零件图纸完成零件三维设计。
2. 独立完成该零件的机械制图，图纸须符合机械制图国家标准。

参考用时：**30 min**

你知道什么是精密铸造吗？

精密铸造是获得精准尺寸铸件工艺的总称。相对于传统砂型铸造工艺来说，精密铸造获的铸件尺寸更加精准，表面光洁度更好。

精密铸造又叫失蜡铸造，它的产品精密、复杂、接近于零件最后形状，可不加工或很少加工就直接使用，是一种近净形成型的先进工艺。

| | | |
|---|---|---|
| **1**<br>创建主体 | 1. 打开设计软件，新建零件模型文件，文件名称为 JXZL04-12。<br>2. 在 XY 平面上绘制草图 1，并使草图完全约束。<br>3. 以草图 1 为截面创建回转体 1。 | <br>草图 1 |
| **2**<br>完善主体 | 1. 在 XY 平面上绘制草图 2，以草图 2 为截面创建回转体 2。<br>2. 在 ZX 平面上绘制草图 3，拉伸草图 3，拉伸距离为 50 mm，并与回转体 2 进行布尔求交操作。<br>3. 将拉伸求交后的实体再与回转体 1 进行布尔求差操作。 | <br>草图 2<br>草图 3 |
| **3**<br>添加特征 | 1. 在 ZX 平面上绘制草图 4——正六边形，拉伸草图 4，并将实体与步骤 2 创建的实体进行布尔求和操作。<br>2. 在 ZX 平面上绘制草图 5——矩形，拉伸草图 5，并与实体进行布尔求差操作。 | <br>草图 4<br>草图 5 |
| **4**<br>增加结构 | 1. 在回转体中心处创建直径为 16 mm 的螺纹孔（通孔）。<br>2. 在第 3 步的矩形特征面上，创建沉头孔，参数详见图纸。 |  |
| **5**<br>优化模型 | 1. 创建上面的矩形槽：在 ZX 平面上绘制草图 6，拉伸草图 6 创建实体，并与端面部分进行布尔求差操作。<br>2. 创建下面的矩形槽：在 ZX 平面上绘制草图 7，拉伸草图 7 创建实体，并与零件底部进行布尔求差操作。 | <br>草图 6<br>草图 7<br> |

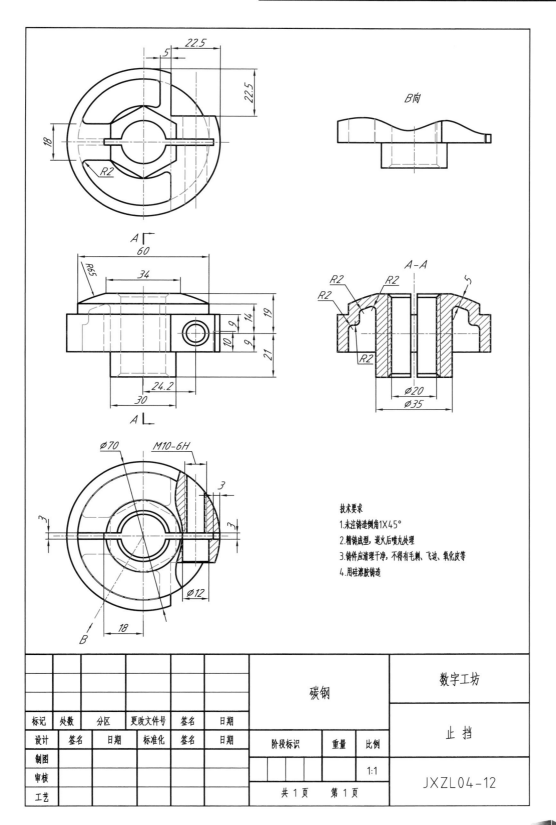

B向

A-A

技术要求
1.未注铸造倒角1X45°
2.精铸成型,淬火后喷丸处理
3.铸件应清理干净,不得有毛刺、飞边、氧化皮等
4.用硅溶胶铸造

| | | | | | | 碳钢 | | | 数字工坊 | |
|---|---|---|---|---|---|---|---|---|---|---|
| 标记 | 处数 | 分区 | 更改文件号 | 签名 | 日期 | | | | 止 挡 | |
| 设计 | 签名 | 日期 | 标准化 | 签名 | 日期 | 阶段标识 | 重量 | 比例 | | |
| 制图 | | | | | | | | | | |
| 审核 | | | | | | | | 1:1 | JXZL04-12 | |
| 工艺 | | | | | | 共 1 页 第 1 页 | | | | |

## ■ 拖车钩加强支架

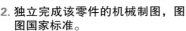

编号：**JXZL04-13**

难度：

参考用时：**30 min**

**设计任务：**
1. 根据零件图纸完成零件三维设计。
2. 独立完成该零件的机械制图，图纸须符合机械制图国家标准。

此零件属于铸造零件。
铸件为什么要设计铸造圆角和起模斜度呢？
铸造圆角：1.可减少应力集中；2.在浇注铸件时可使金属液填充顺畅，使腔内气体顺序排出；3.也有助于延长模具使用寿命。
拔模斜度：是为了在造型时减小铸件模型和砂型之间的摩擦力，容易把模型从砂型中取出来，提高砂型的表面光洁度，同时也延长模型使用寿命。

### 1 创建主体
1. 打开设计软件，新建零件模型文件，文件名称为 JXZL04-13。
2. 在 XY 平面上绘制草图 1，并使草图完全约束。
3. 拉伸草图 1，拉伸对称值，距离为 15.5 mm。

草图 1

### 2 添加特征
1. 在 XY 平面上绘制草图 2，拉伸草图 2 创建凸台，并与步骤 1 创建的实体布尔求和。
2. 在 XY 平面上绘制草图 3，拉伸草图 3 创建实体，并与实体布尔求差，形成孔。

草图 2
草图 3

### 3 增加结构
1. 在 ZX 平面上创建草图 4，并使草图完全约束。
2. 拉伸草图 4。注意拉伸的开始和结束位置，确保拉伸的实体厚度和位置都正确。
3. 将拉伸的实体与第 2 步的实体布尔求和。

草图 4

### 4 添加特征
1. 给第 3 步的结构上添加不规则凸台，并与之布尔求和。
2. 给第 3 步的结构上创建孔特征。
3. 给实体增加加强筋结构特征。

### 5 优化模型
1. 在零件的相应位置上添加倒斜角特征。
2. 给零件添加倒圆角特征，优化模型。
3. 保存文件，完成零件设计。

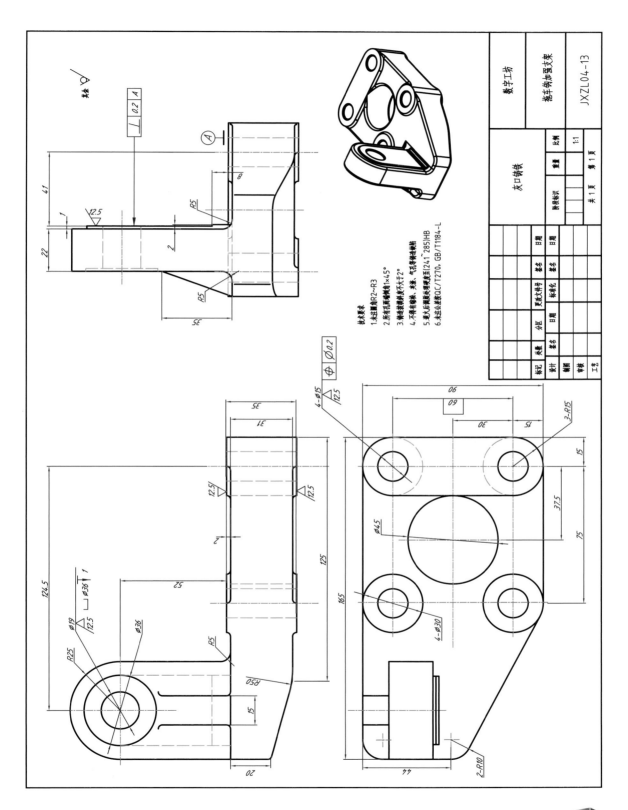

技术要求
1.未注圆角R2~R3
2.所有孔倒角1×45°
3.铸造拔模斜度不大于2°
4.不得有砂眼、未浇、气孔等铸造缺陷
5.进火后调质处理硬度至124~285JHB
6.未注公差按QC/T270、GB/T1184-L

| 标记 | 处数 | 更改文件号 | 签名 | 日期 | | | | |
|---|---|---|---|---|---|---|---|---|
| 设计 | | | 标准化 | | | 阶段标记 | 重量 | 比例 |
| | | | | | | | | 1:1 |
| 审核 | | | | | | | | |
| 工艺 | | | 批准 | | | 共1页 | 第1页 | |

数字工坊

拖车钩座支架

JXZL04-13

灰口铸铁

## ■ 铜罩

编号：**JXZL04–14**

**设计任务：**
1. 根据零件图纸完成零件三维设计。
2. 独立完成该零件的机械制图，图纸须符合机械制图国家标准。

难度：★★

参考用时：**40 min**

"作为一名产品设计师，我的工作，就是要学习新东西，如果不探索未知，那我就只能重复自己的东西。当开启一个新项目时，我就开始一次新的发现之旅，这就意味着要研究新东西，发现新东西。"

——马克·纽森

---

### 1 创建主体

1. 打开设计软件，新建零件模型文件，文件名称为 JXZL04–14。
2. 在 ZY 平面上绘制草图 1，并使草图完全约束。
3. 以草图 1 为截面创建回转体 1，角度为 180°。

草图 1

---

### 2 添加特征

1. 在 ZY 平面上创建草图 2，拉伸草图 2 创建加强筋 1，拉伸距离 5 mm。
2. 以 ZX 平面为中心面，镜像加强筋 1。
3. 将加强筋 1 复制一个，并逆时针旋转 90°，再向左平移 2.5 mm。
4. 将 3 个加强筋与步骤 1 创建的回转体 1 布尔求和。

草图 2

---

### 3 添加特征

1. 创建基准平面 1：将 ZX 平面绕 Z 轴旋转 45°。
2. 在平面 1 上绘制草图 3，并使草图 3 完全约束。
3. 拉伸草图 3 创建加强筋 2，拉伸对称值 2.5 mm。
4. 以 ZX 平面为中心面，镜像加强筋 2。
5. 将 2 个新创建的加强筋与步骤 2 创建的实体布尔求和。

草图 3

---

### 4 优化模型

1. 在零件的相应位置上添加倒圆角特征，优化模型。
2. 保存文件，完成零件设计。

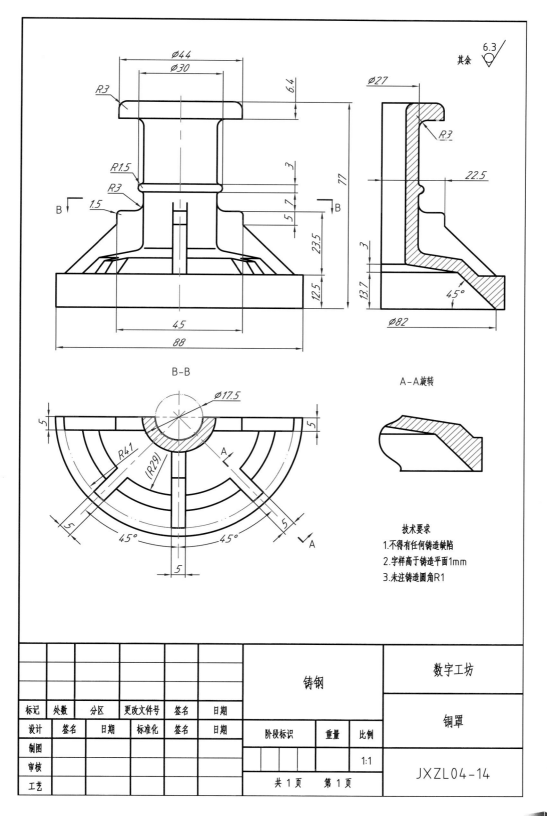

其余 6.3

B-B

A-A旋转

技术要求
1.不得有任何铸造缺陷
2.字样高于铸造平面1mm
3.未注铸造圆角R1

| 标记 | 处数 | 分区 | 更改文件号 | 签名 | 日期 | | | | 铸钢 | | 数字工坊 |
|---|---|---|---|---|---|---|---|---|---|---|---|
| 设计 | 签名 | 日期 | 标准化 | 签名 | 日期 | | | | | | 铜罩 |
| 制图 | | | | | | 阶段标识 | 重量 | 比例 | | | |
| 审核 | | | | | | | | 1:1 | | | JXZL04-14 |
| 工艺 | | | | | | 共 1 页 | 第 1 页 | | | | |

# ■ 阀体

编号：**JXZL04-15**

**设计任务：**
1. 根据零件图纸完成零件三维设计。
2. 独立完成该零件的机械制图，图纸须符合机械制图国家标准。

难度：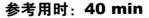

参考用时：**40 min**

阀体是箱体类零件的一种，设计时要求：
1. 满足强度与刚度要求；
2. 注意散热性能和热变形问题；
3. 结构设计合理；
4. 工艺性好；
5. 造型好，质量小。

---

## 1 创建主体

1. 打开设计软件，新建零件模型文件，文件名称为 JXZL04-15。
2. 在 XY 平面上绘制草图 1，并使草图完全约束。
3. 以草图 1 为截面创建回转体 1，角度为 360°。

草图 1

---

## 2 完善主体

1. 在 ZY 平面上创建草图 2，拉伸草图 2 得到实体。
2. 在 ZX 平面上绘制草图 3，以草图 3 为截面，创建回转体 1，并与正六棱柱布尔求差，得到上端面的圆弧。
3. 在 ZY 平面上创建草图 4，以草图 4 为截面，创建回转体 2，与正六棱柱布尔求差，去掉棱边。
4. 将得到的实体与步骤 1 的回转体布尔求和。

草图 2

草图 3

草图 4

---

## 3 增加结构

1. 在 ZX 平面上绘制多个草图，分别以草图为截面，创建回转体 3，角度 360°。
2. 在 XY 平面上绘制草图，拉伸该草图形成实体。
3. 在相应的位置上拔模，拔模角 10°。
4. 将实体与步骤 3 得到的实体布尔求和。

---

## 4 优化模型

1. 在零件的相应位置上添加倒圆角、倒斜角特征，优化模型。
2. 保存文件，完成零件设计。

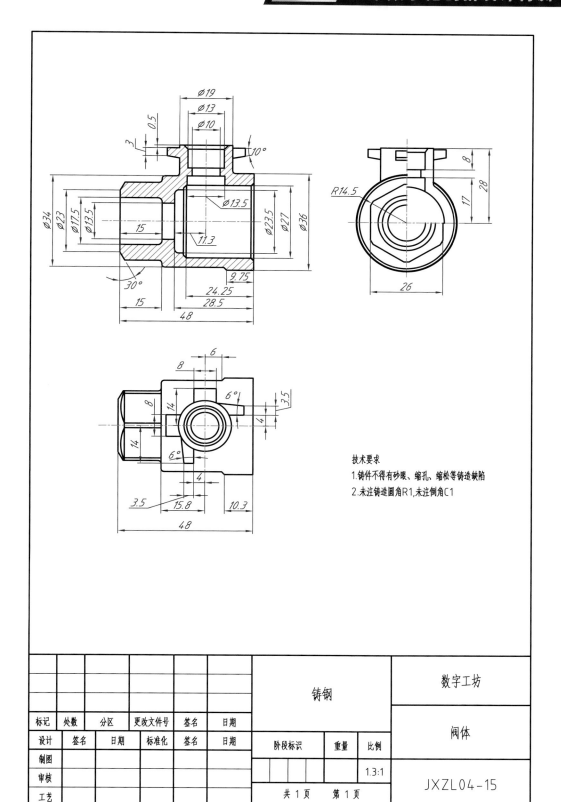

技术要求
1.铸件不得有砂眼、缩孔、缩松等铸造缺陷
2.未注铸造圆角R1,未注倒角C1

| 标记 | 处数 | 分区 | 更改文件号 | 签名 | 日期 | | 铸钢 | | | 数字工坊 |
|------|------|------|-----------|------|------|---|------|---|---|---------|
| 设计 | 签名 | 日期 | 标准化 | 签名 | 日期 | | | | | |
| 制图 | | | | | | 阶段标识 | 重量 | 比例 | | 阀体 |
| 审核 | | | | | | | | 1.3:1 | | |
| 工艺 | | | | | | 共 1 页　第 1 页 | | | | JXZL04-15 |

## ■ 扇形齿轮

**编号：JXZL04–16**

**难度：** ★★★★

**参考用时：40 min**

| 设计任务： | 1. 根据零件图纸完成零件三维设计。<br>2. 独立完成该零件的机械制图，图纸须符合机械制图国家标准。 |
| --- | --- |

设计此零件时要延伸阅读齿轮设计的原理，掌握齿轮三维设计方法。

解析：此零件可拆解成扇形齿轮部分和齿轮连接部分。扇形齿轮，可根据提供的模数、齿数、齿形角、齿项高系数等参数完成参数化建模；齿轮的连接部分，可通过拉伸完成模型的创建。两部分完成以后，再利用拉伸除料等操作，完成扇形齿轮厚度及外形的优化。

---

### 1 创建主体

1. 打开设计软件，新建零件模型文件，文件名称为 JXZL04–16。
2. 在 XY 平面上绘制多个草图，并使草图完全约束。
3. 分别拉伸草图线，形成不同厚度的实体，并将这些实体进行布尔求和操作。

草图1

草图2

草图3

---

### 2 添加特征

按图纸要求创建齿轮：

1. 模数 2.5
2. 齿数 3.5
3. 齿形角 20°

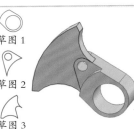

---

### 3 完善主体

将第 2 步创建的齿轮与第 1 步创建的实体进行布尔求交操作。

---

### 4 添加特征

1. 在 XY 平面上创建草图 4，并使草图完全约束。
2. 拉伸草图 4 形成实体，并将实体与第 3 步创建的实体进行布尔求差，形成类似扇形的不规则的凹槽。
3. 在 XY 平面上创建草图 5，拉伸草图 5 形成实体，并与上述实体进行布尔求差操作，形成矩形加强筋。
4. 用同样的方式，完成另一侧的特征。
5. 保存文件，完成零件设计。

草图4

草图5

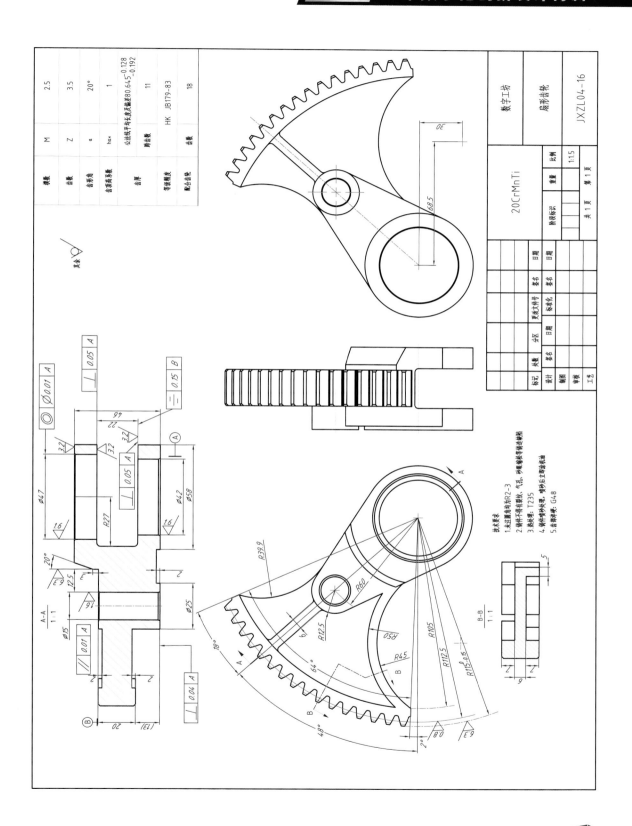

| 名称 | 代号 | 数值 |
|---|---|---|
| 模数 | M | 2.5 |
| 齿数 | Z | 35 |
| 齿形角 | α | 20° |
| 齿顶高系数 | ha* | 1 |
| 齿厚 | 公法线平均长度及偏差 80.645$^{-0.128}_{-0.192}$ | |
| 等级精度 | 跨齿数 | 11 |
| 配合齿轮 | HK JB179-83 | |
| | 齿数 | 18 |

20CrMnTi

数字工坊

扇形齿轮

JXZL04-16

比例 1:15

共 1 页 第 1 页

技术要求
1.未注圆角为R2-3
2.铸件不得有裂纹、气孔、砂眼等铸造缺陷。
3.热处理：T235。
4.铸件碳化处理，喷砂后去除油机油。
5.齿部淬硬：G48

## ■ 长芯导向套

编号：**JXZL04-17**

设计任务：
1. 根据零件图纸完成零件三维设计。
2. 独立完成该零件的机械制图，图纸须符合机械制图国家标准。

难度：⭐⭐⭐

参考用时：**50 min**

设计本案例需要注意型腔类零件的结构特点，以及机械制图中各视图的表达方法。

案例解析：该零件可拆解成中间部分和两侧部分。中间部分主体是个回转体，可以通过截面轮廓，利用回转特征完成建模；两侧部分，是不规则图形，可以通过拉伸完成建模；添加螺纹孔、异形孔、倒圆角等特征，完成建模。

| | | |
|---|---|---|
| **1** 创建主体 | 1. 打开设计软件，新建零件模型文件，文件名称为 JXZL04-17。<br>2. 在 ZY 平面上绘制草图 1，并使草图完全约束。<br>3. 以草图 1 为截面创建回转体 1，角度为 360°。 | 草图 1  |
| **2** 完善主体 | 1. 在 XY 平面上绘制草图 2，并使草图完全约束。<br>2. 拉伸草图 2，拉伸距离为 30 mm。<br>3. 将实体与步骤 1 创建的实体进行布尔求和操作。 | 草图 2  |
| **3** 添加特征 | 1. 在 ZY 平面上绘制草图 3，并使草图完全约束。<br>2. 以草图 3 为截面创建回转体 2，角度为 360°。<br>3. 将回转体 2 与步骤 2 创建的实体进行布尔求差操作。 | 草图 3  |
| **4** 添加特征 | 1. 在 XY 平面上绘制草图 4，并使草图完全约束。<br>2. 拉伸草图 4，拉伸距离为 50 mm。<br>3. 将实体与步骤 3 创建的实体进行布尔求差操作。 | 草图 4  |
| **5** 优化模型 | 1. 分别在相应的位置上创建 M8 和 M6 的螺纹孔。<br>2. 添加倒圆角、倒斜角特征。<br>3. 保存文件，完成零件设计。 |  |

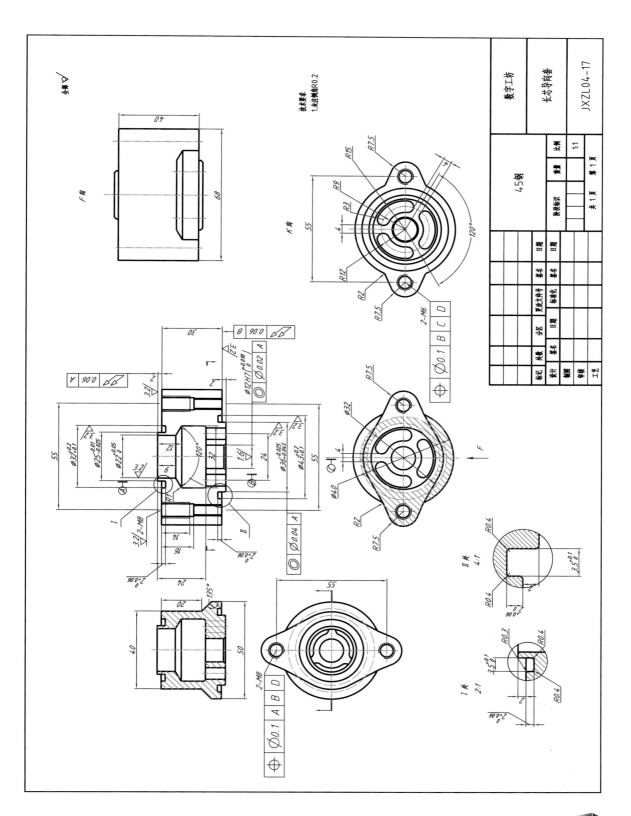

## ■ 缓冲器座

**设计任务：**
1. 根据零件图纸完成零件三维设计。
2. 独立完成该零件的机械制图，图纸须符合机械制图国家标准。

编号：**JXZL04–18**

难度：

参考用时：**60 min**

此零件属于铸造零件。
案例解析：此零件特征较多，结构比较复杂。零件主体并非完全左右对称，因此可以将零件拆解成中间主框架、前端平板区域、左右两侧连接区域、中心隔板区域、后面与其他零件相配合的区域。根据每个区域特征的不同，选择不同的模型创建方法完成设计。

| | | |
|---|---|---|
| **1** 创建主体 | 1. 新建零件模型文件，文件名称为 JXZL04–18。<br>2. 在 ZY 平面上绘制多个草图，分别拉伸草图线，形成不同厚度的实体，并将这些实体进行布尔求和操作，形成实体 1。 | |
| **2** 完善主体 | 1. 在 XY 平面上绘制草图，拉伸草图形成实体 2。<br>2. 在 XY 平面上分别绘制草图，分别拉伸草图形成 n 形凸台和圆形凸台，并与实体 2 布尔求和，形成实体 3。<br>3. 在 XY 平面上绘制草图，拉伸草图 2 次，并与实体 3 布尔求差，形成上下两个均为 0.5 mm 的凹槽。<br>4. 将得到的实体和实体 1 布尔求和，得到实体 4。 |  |
| **3** 添加特征 | 1. 在 ZX 平面上绘制草图，拉伸草图形成实体 5。<br>2. 在实体 5 外端面创建矩形草图，拉伸草图并与实体 5 布尔求差，得到实体 6。<br>3. 以 ZX 平面为中心，镜像实体 6，并将这两个实体与实体 4 布尔求和，形成实体 7。 |  |
| **4** 添加特征 | 1. 在 ZX 平面上绘制草图，拉伸草图，并与实体 7 进行布尔求和，形成中间的隔板。<br>2. 分别拉伸创建凸台及凸槽特征，如右图所示。 |  |
| **5** 优化模型 | 1. 在 ZX 平面上绘制草图，拉伸草图，形成功能块。以 ZX 平面为中心镜像该实体块。将两个功能块与第 4 步的实体进行布尔求和。<br>2. 在相应的位置上添加孔、倒圆角等特征。 |  |

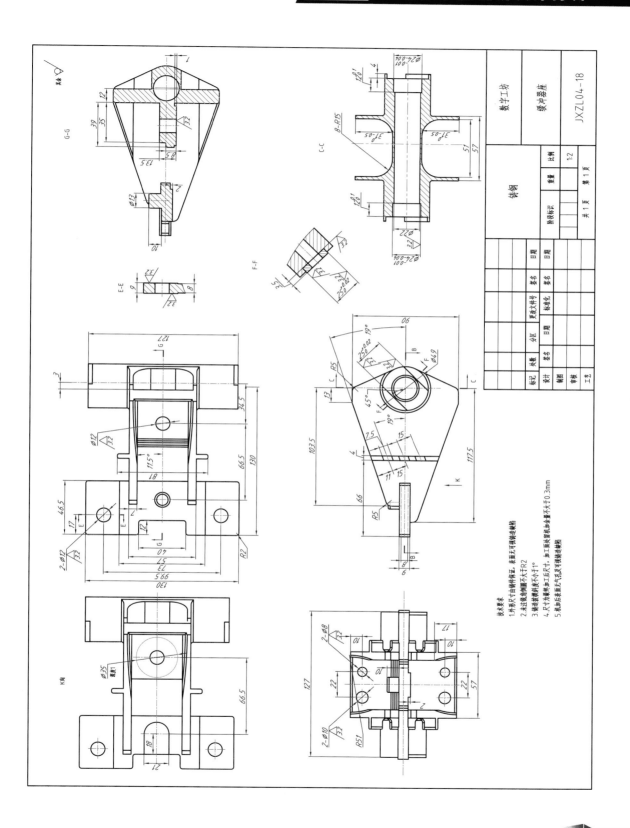

## ■ 吊卡体

编号：**JXZL04–19**

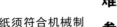

**设计任务：**
1. 根据零件图纸完成零件三维设计。
2. 独立完成该零件的机械制图，图纸须符合机械制图国家标准。

难度：

参考用时：**70 min**

此零件属于铸造零件。

案例解析：设计结构复杂零件时要认真读图、识图、建模及出图。此吊卡体的结构比较复杂，不能进行简单的拆分，需要从外到内的逐步设计。

加油！！对于攀登者来说，失掉往昔的足迹并不可惜，迷失了继续前时的方向却很危险。平凡的脚步也可以走完伟大的行程。当你觉得累的时候，就看看那些还在努力的人。

---

### 1 创建主体

1. 新建零件模型文件，文件名称为 JXZL04–19。
2. 在 ZY 平面上绘制草图（主体轮廓），拉伸草图对称值为 38.25 mm。
3. 在 ZX 平面上绘制草图（上面 n 形槽），拉伸草图对称值为 100 mm，并布尔求差。

### 2 添加特征

1. 在 ZY 平面上绘制草图（左右吊耳）。
2. 以草图为截面，以 Y 轴的中心，创建回转体。
3. 将回转体与步骤 1 创建的实体进行布尔求和。

### 3 完善主体

1. 在 ZY 平面上绘制草图（内部凹槽），拉伸草图对称值为 15 mm，并与实体布尔求差。
2. 根据图纸多次创建草图进行拉伸，并与实体进行布尔运算，添加内部特征。

### 4 添加特征

1. 根据图纸，在相应的位置上添加孔、螺纹孔特征。
2. 根据图纸，在相应位置上添加倒圆角、倒斜角特征。
3. 保存文件，完成零件设计。

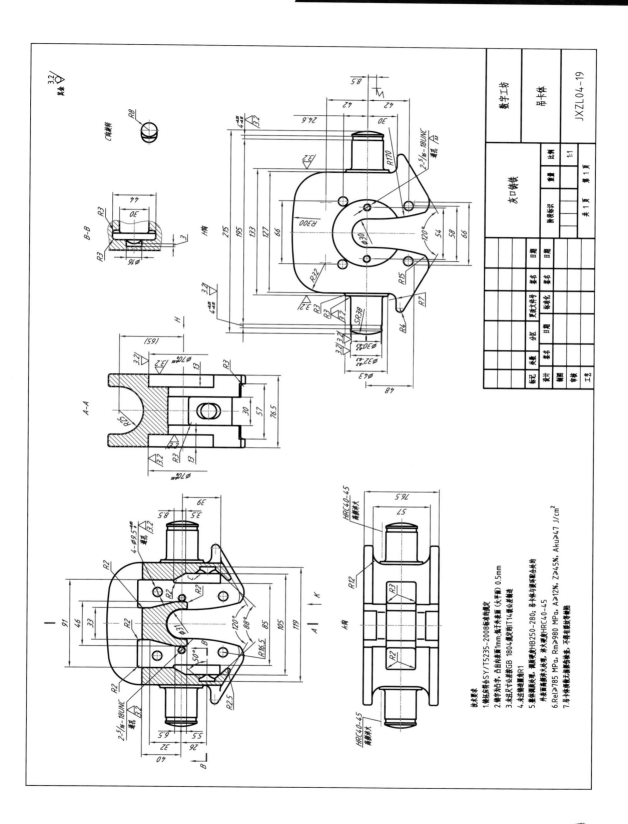

技术要求
1.铸孔应符合SY/T5235-2008标准规定。
2.铸字沿字,凸出外表面1mm,底于外表面(大平面)0.5mm。
3.未注尺寸公差按GB 1804规定制T14级A类公差制造。
4.未注铸圆角R1。
5.整体调质处理。调质硬度HB250-280。淬火硬度HRC40-45。
外工面调质淬火处理,并火硬度HRC40-45。
6.Rel≥785 MPa, Rm≥980 MPa, A≥12%, Z≥45%, Aku≥47 J/cm²。
7.吊卡体铸后经三道除锈除垢,不得有裂纹等缺陷。

| | | | | | | | | | | |
|---|---|---|---|---|---|---|---|---|---|---|
| | | | | | | | 数字工坊 | | |
| | | | | | | | 吊卡体 | | |
| | | | 更改标识 | | 签名 | 日期 | | | |
| | | | 标准化 | | 签名 | 日期 | 灰口铸铁 | 重量 | 比例 |
| | | | | | | | 标记标识 | | 1:1 |
| 标记 | 处数 | 分区 | 更改文件号 | 签名 | 日期 | | 共1页 | 第1页 | JXZL04-19 |
| 设计 | | | | | | | | | |
| 审核 | | | | | | | | | |
| 工艺 | | | | | | | | | |

## ■ 连杆

编号：**JXZL04-20**

难度：

参考用时：**80 min**

**设计任务：**
1. 根据零件图纸完成零件三维设计。
2. 独立完成该零件的机械制图，图纸须符合机械制图国家标准。

案例解析：该连杆是一个非规则、特征较多的锻造零件，不能用简单的方式拆解，可以利用从整体到细节的方式创建模型。有以下 3 点需要注意：
1. 零件不规整，有一些弧面的设计；
2. 圆柱面上孔的创建方法；
3. 拔模角的创建方法。

---

**1 主体上端**

1. 新建零件模型，文件名称为 JXZL04-20。
2. 在 XY 平面上多次绘制草图，拉伸草图对称值 20 mm，创建连杆上端部分特征。
3. 在 ZX 平面上绘制草图，对上一步特征进行旋转切除操作。

---

**2 主体下端**

1. 在 XY 平面上绘制草图，拉伸草图对称值 20 mm，创建连杆下端部分特征。
2. 分别在 XY 平面、ZX 平面上绘制草图，创建连杆下端部分特征的左右"耳朵"特征。

---

**3 主体中部**

1. 在 XY 平面上绘制连杆中间连接部位草图 1，拉伸草图值为 20 mm，并进行拔模操作。
2. 在 XY 平面上绘制草图 2，拉伸实体 1，在 YZ 平面上绘制草图 3，并拉伸实体与实体 1 进行布尔求差，再与步骤 1 的实体进行布尔求差，得到实体 2。
3. 在 YZ 平面上绘制草图 4，拉伸草图 4 与实体 2 进行布尔求差。

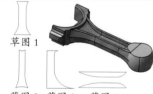

---

**4 添加特征**

1. 将连杆上端部分特征、下端部分特征、中间特征进行布尔求和。
2. 根据图纸，在相应位置上添加孔、螺纹孔等特征。

---

**5 添加特征**

1. 根据图纸，在相应位置上添加倒圆角、倒斜角特征。
2. 保存文件，完成零件设计。

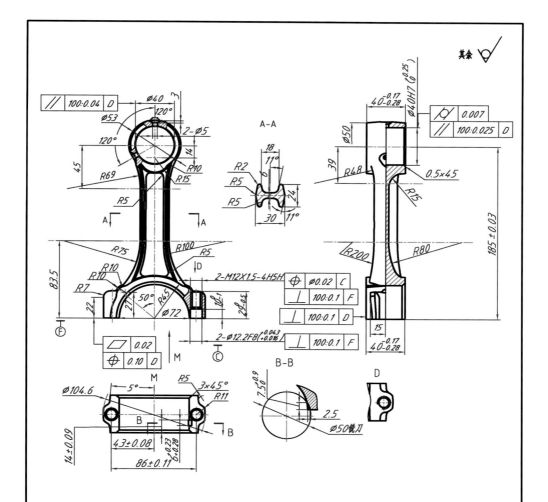

**技术要求**

1. 调质硬度,硬度为HB223-280,在头部检验,在同一副连杆上的硬度差不多大于HB30单位

2. 纵剖面的金属宏观组织其纤维方向应沿连杆中心线并与连杆外形相等,不得有紊乱及间断,不允许有裂纹、折叠气泡分层及夹渣

3. 未注锻造拔模斜度不大于7°,未注圆角半径为R2-3

4. 锻造毛坯经喷丸处理,不加工表面应光洁、不允许有裂纹、折叠、折痕、结疤、氧化皮及因金属未充满锻造面产生的缺陷,不允许用补焊的方法来修补缺陷

| 标记 | 处数 | 分区 | 更改文件号 | 签名 | 日期 | | | 合金钢 | | 数字工坊 |
|---|---|---|---|---|---|---|---|---|---|---|
| 设计 | 签名 | 日期 | 标准化 | 签名 | 日期 | | | | | 连杆 |
| 制图 | | | | | | 阶段标识 | 重量 | 比例 | | |
| 审核 | | | | | | | | | 1:2 | JXZL04-20 |
| 工艺 | | | | | | 共 1 页 | 第 1 页 | | | |

## ■ 简单冲压件

编号：**JXZL04-21**

**设计任务：**
1. 根据零件图纸完成零件三维设计。
2. 独立完成该零件的机械制图，图纸须符合机械制图国家标准。

难度：

参考用时：**15 min**

案例解析：此零件属于钣金冲压件。在三维建模中需要应用到钣金设计模块。在设计的过程中，要充分理解钣金件的成型工序与三维软件中钣金模块成型顺序的差别。比如：零件的成型工序是先冲孔落料，再折弯整形；而在软件中具体操作是先折弯，再冲孔落料。

| | |
|---|---|
| **1** **创建主体** | 1. 新建零件模型文件，文件名称为 JXZL04-21，进入"钣金设计"模块。<br>2. 在 XY 平面上绘制草图，创建一个厚度为 3 mm 的基础板。  |
| **2** **增加结构** | 给基础板的左侧添加折弯特征，折弯角 90°。  |
| **3** **添加特征** | 根据图纸，在 XY 平面上绘制草图，对步骤 2 的实体进行法向除料。 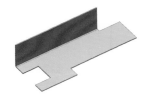 |
| **4** **添加特征** | 1. 如图所示，添加两个折弯特征，折弯角 90°。<br>2. 在粉色折弯特征右侧位置添加基础板。  |
| **5** **添加特征** | 1. 根据图纸，在折弯板的不同平面上绘制草图，并进行法向除料操作。<br>2. 根据图纸，在相应的位置上添加倒圆角。<br>3. 保存文件，完成零件设计。  |

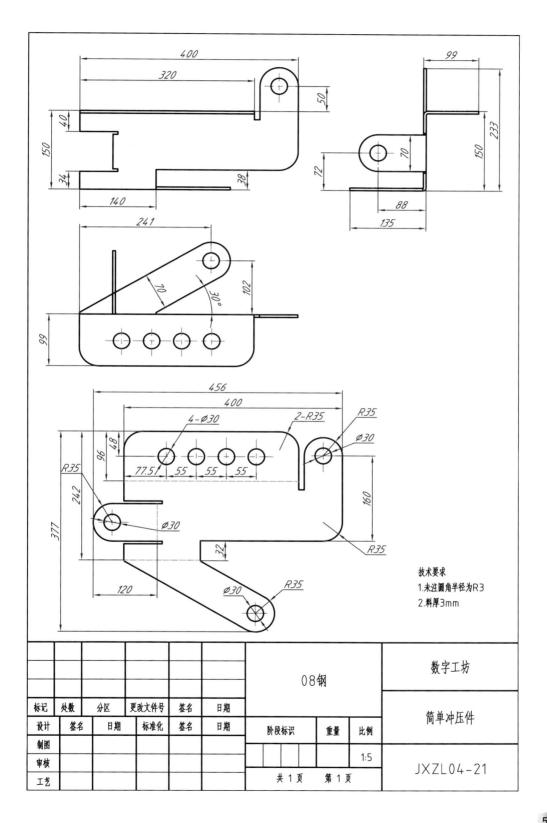

技术要求
1.未注圆角半径为R3
2.料厚3mm

| | | | | | | 08钢 | | | 数字工坊 |
|---|---|---|---|---|---|---|---|---|---|
| 标记 | 处数 | 分区 | 更改文件号 | 签名 | 日期 | | | | |
| 设计 | 签名 | 日期 | 标准化 | 签名 | 日期 | | | | 简单冲压件 |
| 制图 | | | | | | 阶段标识 | 重量 | 比例 | |
| 审核 | | | | | | | | 1:5 | JXZL04-21 |
| 工艺 | | | | | | 共 1 页 第 1 页 | | | |

## ■ 工字形冲压件

编号：**JXZL04-22**

**设计任务：**

1. 根据零件图纸完成零件三维设计。
2. 独立完成该零件的机械制图，图纸须符合机械制图国家标准。

难度：★★★

参考用时：**20 min**

案例解析：设计此钣金零件时要注意各部分的成型顺序。此零件左右对称，所以可以先做中间，再做两侧。冲压件与铸件、锻件相比，具有薄、匀、轻、强的特点。冲压工序可分为四个基本工序：冲裁、弯曲、拉深、局部成型。

---

**1 创建主体**

1. 新建零件模型文件，文件名称为 JXZL04-22，进入"钣金设计"模块。
2. 在 XY 平面上绘制草图，创建一个厚度为 3 mm 的基础板。

---

**2 增加结构**

1. 给基础板的左侧添加折弯特征，折弯角90°。
2. 同样的方式添加基础板右侧的折弯特征，并且保证折弯后左右两侧最外侧距离 87 mm。

---

**3 增加结构**

1. 在基础板窄边添加折弯特征，折弯角90°。
2. 再次沿水平方向，添加折弯特征。
3. 同样的方式完成另外一个窄边的多次折弯。

---

**4 添加特征**

1. 在 XY 平面上创建草图，沿 Z 轴方向上创建 4 个直径为 10 mm 的孔。
2. 同样的方式，沿 Z 轴方向创建弯边上的圆孔和异形孔。
3. 沿 Y 方向创建多个圆孔。
4. 根据图纸，在相应的位置上添加倒斜角。

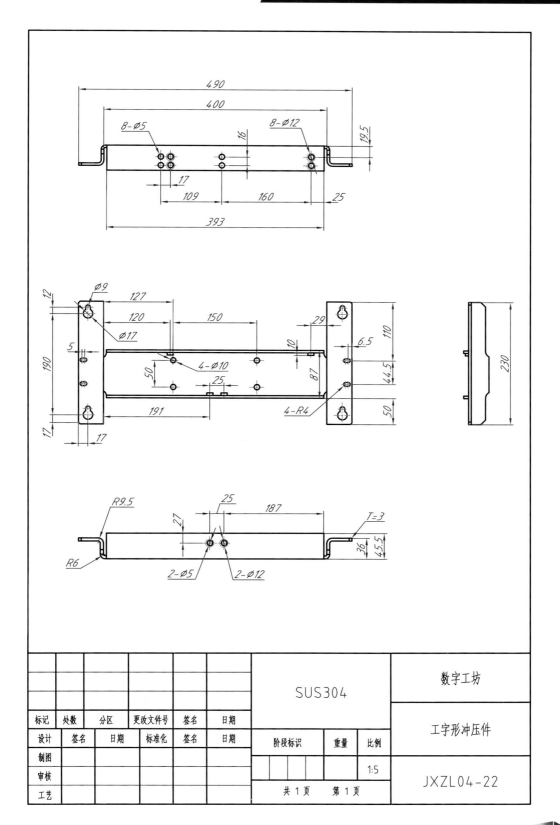

## ■ 几字形冲压件

编号：**JXZL04-23**

**设计任务：**
1. 根据零件图纸完成零件三维设计。
2. 独立完成该零件的机械制图，图纸须符合机械制图国家标准。

难度：

参考用时：**30 min**

案例解析：此钣金件从整体分析，结构并不复杂，但折弯较多，可以先从中间着手，再向侧边扩展。从细节分析，左右两侧的折弯、孔特征是相同的，另外两侧非对称，且有一侧需要法向除料及二次折弯。

| **1** 创建主体 | 1. 新建零件模型文件，文件名称为 JXZL04-23，进入"钣金设计"模块。<br>2. 在 XY 平面上绘制草图，创建一个厚度为 1 mm 的基础板。 |  |
|---|---|---|
| **2** 增加结构 | 1. 给基础板的窄边一侧添加折弯特征，折弯角 90°。<br>2. 同样的方式添加基础板另一侧窄边的折弯特征，并且保证折弯后左右两侧最外侧距离 55 mm。<br>3. 再沿水平方向上添加折弯特征，折弯角 90°，并且保证折弯后最大距离 75 mm。 |  |
| **3** 增加结构 | 1. 在平行于 ZX 平面的平面上绘制凹形轮廓草图，创建弯边特征。<br>2. 在凹形轮廓的弯边上创建 n 形折弯。 |  |
| **4** 添加特征 | 在 XY 平面上绘制草图，沿 Z 方向法向除料，创建零件中部的宽度为 10 mm 的矩形特征，以及直径为 4 mm 的孔特征。 |  |
| **5** 添加特征 | 1. 在平行于 XY 平面的平面上绘制草图，沿 Z 方向法向除料，创建弯边上的 4 个直径为 3 mm 的孔特征。<br>2. 保存文件，完成零件设计。 |  |

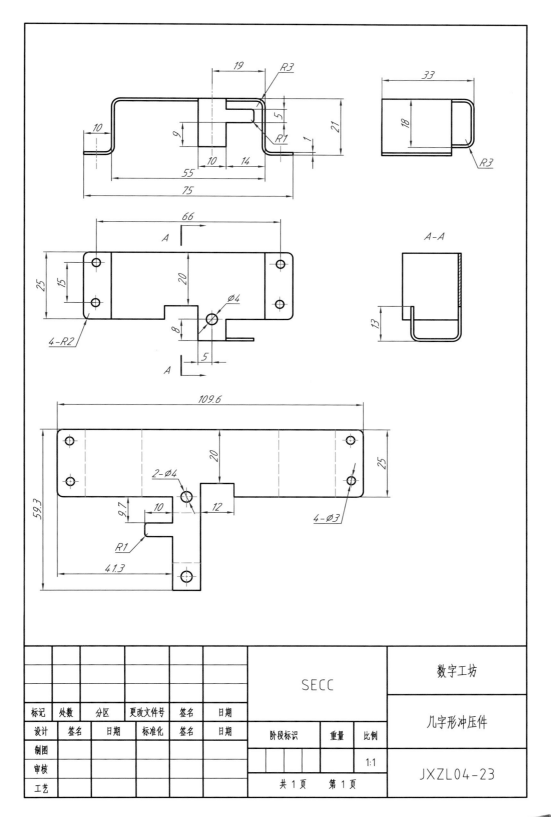

| | | | | | | SECC | | 数字工坊 | |
|---|---|---|---|---|---|---|---|---|---|
| 标记 | 处数 | 分区 | 更改文件号 | 签名 | 日期 | | | 几字形冲压件 | |
| 设计 | 签名 | 日期 | 标准化 | 签名 | 日期 | 阶段标识 | 重量 | 比例 | |
| 制图 | | | | | | | | | 1:1 |
| 审核 | | | | | | 共1页 第1页 | | | JXZL04-23 |
| 工艺 | | | | | | | | | |

## ■ 电脑机箱

编号：**JXZL04-24**

**设计任务：**
1. 根据零件图纸完成零件三维设计。
2. 独立完成该零件的机械制图，图纸须符合机械制图国家标准。

难度：

参考用时：**40 min**

案例解析：此零件属于钣金零件。从整体分析，机箱的结构比较复杂，特征较多。可以先完成整体框架的造型，再创建局部的详细特征。从细节分析整体框架需要多次折弯操作。细节特征较多，但有一些形状是类似的，可以用圆形阵列、矩形阵列完成特征的创建。

---

### 1 创建主体

1. 新建零件模型文件，文件名称为 JXZL04-24，进入"钣金设计"模块。
2. 在 XY 平面上绘制草图，创建一个厚度为 2 mm 的基础板。
3. 多次添加弯边特征，形成如右图所示的机箱主体。

---

### 2 添加特征

在 ZX 平面上绘制草图，沿 Y 方向法向除料。长度为 53 mm，宽度到折弯圆角处。

---

### 3 添加特征

1. 在 ZX 平面上绘制草图，沿 Y 方向法向除料。添加多个 U 形孔及 n 形孔特征。
2. 在 ZX 平面上绘制草图，沿 Y 方向法向除料。添加矩形孔及多个 1/4 圆弧孔特征。
3. 在 XY 平面上绘制草图，沿 Z 方向法向除料。添加矩形孔、圆形孔特征。

---

### 4 添加特征

1. 在 ZY 平面的相应位置上绘制草图，添加侧壁上的三角形连接桥特征。
2. 在 XY 平面上绘制草图，添加底面的连接桥特征。
3. 按照图纸位置，添加阵列底面的连接桥特征。

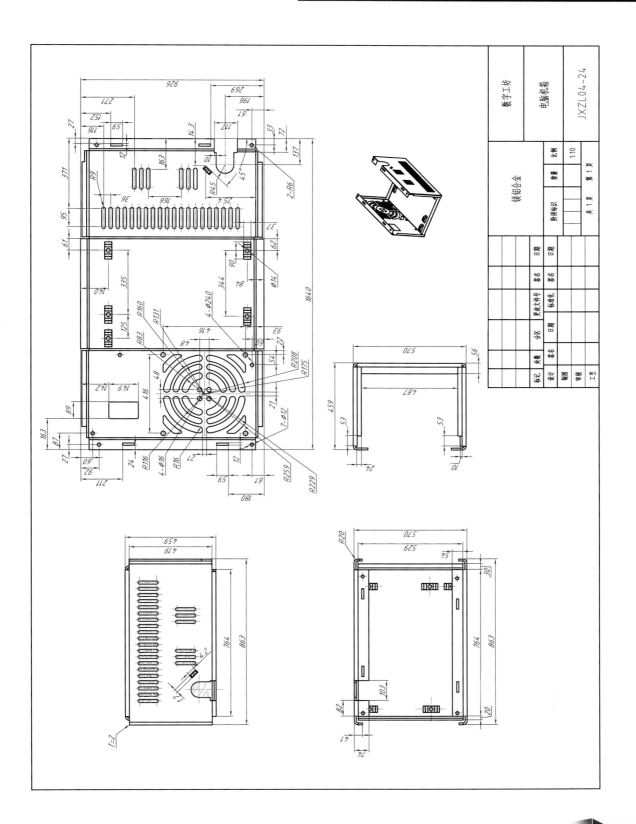

## ■ 连接板

编号：**JXZL04-25**

难度：★★★★★

参考用时：**50 min**

1. 根据零件图纸完成零件三维设计。
2. 独立完成该零件的机械制图，图纸须符合机械制图国家标准。

案例解析：从整体分析，连接板的外形轮廓比较复杂，特征比较多，涉及到多次折弯、整形、冲孔落料等。从细节看，孔位分多个方向，因此需要进行多次冲孔操作；加强筋的位置不同，应该分两次操作完成；基础板上的冲孔落料可一次完成。

这个案例对大家来说是个小挑战，加油！

---

**1 创建主体**

1. 新建零件模型文件，文件名称为 JXZL04-25，进入"钣金设计"模块。
2. 根据图纸，在 XY 平面上绘制草图，创建一个厚度为 1.76 mm 的基础板。

---

**2 添加特征**

1. 在基础板下端添加折弯特征，折弯角 35°。
2. 在折弯特征下端添加折弯特征，折弯角 44°。
3. 添加粉色翻边特征。

---

**3 添加特征**

1. 在 XY 平面上分别绘制草图，对黄色基础板进行法向除料，创建孔、槽等特征。
2. 在两块折弯板相交处，创建一个与两板夹角的角平分线垂直的平面，并在此平面上绘制孔特征草图，将草图拉伸并求差。
3. 在折弯角为 44° 的折弯板上绘制孔特征草图，并对其进行法向除料。

---

**4 添加特征**

1. 在黄色基础板上添加凹槽特征。
2. 根据图纸，在第一次折弯处与第二次折弯处，分别添加加强筋特征。
3. 在第一次折弯板上绘制草图，并对其进行冲压开孔。

---

**5 添加特征**

1. 根据图纸，在相应的位置上添加倒圆角。
2. 保存文件，完成零件设计。

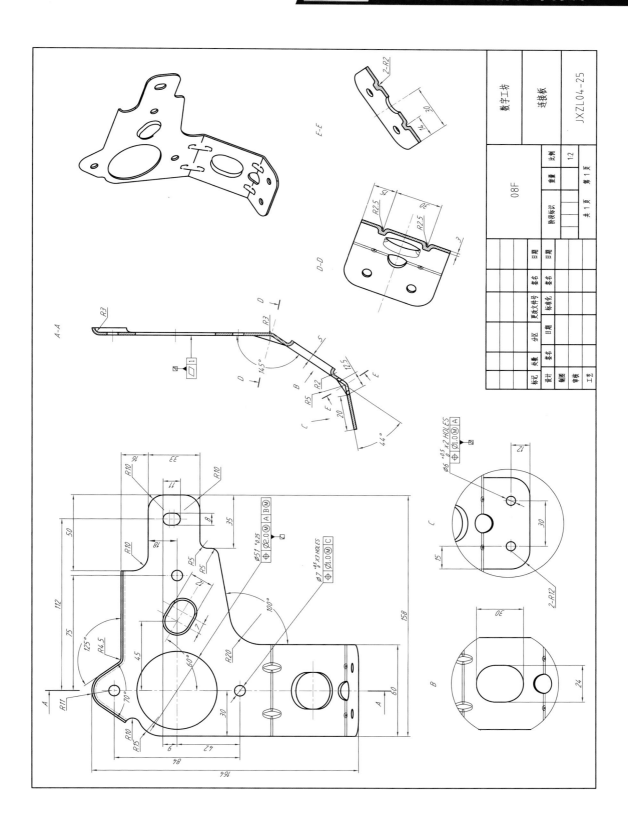

## ■ 塑料烟灰缸

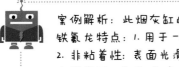

**编号：JXZL04-26**

**难度：**

**设计任务：**
1. 根据零件图纸完成零件三维设计。
2. 独立完成该零件的机械制图，图纸须符合机械制图国家标准。

案例解析：此烟灰缸的材质是铁氟龙，采用注塑模具成型。铁氟龙特点：1. 用于 -196℃ ~300℃ 之间，耐气候性，抗老化；2. 非粘着性：表面光滑，不易粘附任何物质，易于清洗；3. 耐化学腐蚀，能耐强酸、强碱、王水及各种有机溶剂的腐蚀；4. 耐药剂性强、无毒性；5. 具有高绝缘性能、防紫外线、防静电；6. 防火阻燃性强。

| | | |
|---|---|---|
| **1** 创建主体 | 1. 新建零件模型文件，文件名称为 JXZL04-26。<br>2. 在 XY 平面上绘制草图，拉伸草图，拉伸距离 30 mm。<br>3. 在 ZY 平面上绘制草图，拉伸草图对称值 30 mm。再将四壁沿 Z 方向上拔模 10°。然后与实体布尔求差。<br>4. 对实体最外侧四壁拔模 20°。 | 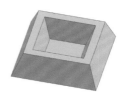 |
| **2** 添加特征 | 1. 对实体最外四个角添加倒圆角，半径为 18.5 mm。<br>2. 对实体凹槽内添加圆角特征，半径为 5 mm。<br>3. 对实体上边缘添加圆角特征，半径为 2 mm。 |  |
| **3** 添加特征 | 1. 在 ZY 平面上绘制草图（半径为 7.5 mm 的圆），拉伸草图对称值 60 mm，并与步骤 2 得到的实体布尔求差。<br>2. 同样的方式在 ZX 平面上绘制草图，拉伸草图并与实体布尔求差。 |  |
| **4** 创建壳体 | 将实体抽壳，需要移除的面是底面，壳体的厚度为 2 mm。 |  |
| **5** 添加特征 | 1. 将实体内部和外部所有尖角的部分都添加倒圆角特征，圆角半径为 2 mm。<br>2. 保存文件，完成零件设计。 |  |

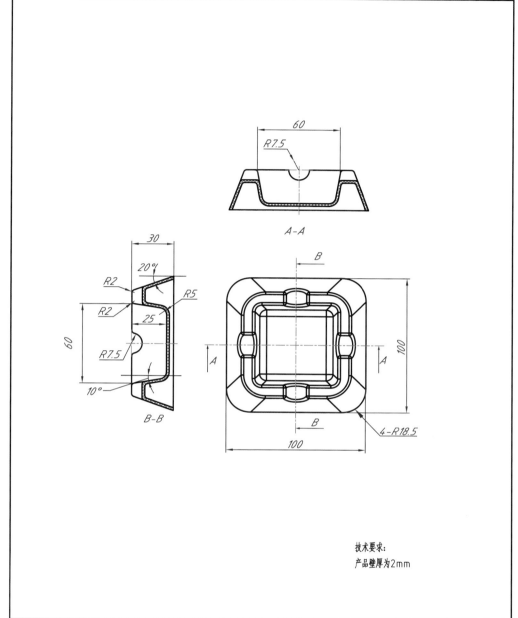

A-A

B-B

4-R18.5

技术要求:
产品壁厚为2mm

| 标记 | 处数 | 分区 | 更改文件号 | 签名 | 日期 | | 铁氟龙 | | | 数字工坊 |
|---|---|---|---|---|---|---|---|---|---|---|
| 设计 | 签名 | 日期 | 标准化 | 签名 | 日期 | 阶段标识 | | 重量 | 比例 | 塑料烟灰缸 |
| 制图 | | | | | | | | | | |
| 审核 | | | | | | | | | 1:2 | JXZL04-26 |
| 工艺 | | | | | | 共 1 页　第 1 页 | | | | |

## ■ 公交车扶手

编号: **JXZL04-27**

设计任务:

1. 根据零件图纸完成零件三维设计。
2. 独立完成该零件的机械制图，图纸须符合机械制图国家标准。

难度: ★★★

参考用时: **40 min**

塑料件设计与机械设计的区别:

1. 材料: 机械设计主要涉及金属材料，塑料属于非金属，性能有很大差异。

2. 标准: 塑料件具有一套与金属件不同的执行标准，精度相对较差，配合相对不精密，公差范围选取不同，标注基本相同，略有特点。

3. 连接: 塑料件连接方式与金属件相比，有其特点，一般采用卡扣连接、嵌件连接、螺纹连接、变形连接等。

4. 其他: 塑料件设计时最关键的是收缩率计算及变形控制，以及针对注塑成型的锥度、斜度参数确定等。

---

# 1 创建主体

1. 新建零件模型文件，文件名称为 JXZL04-27。
2. 在 XY 平面上绘制草图，拉伸草图，拉伸距离为 14.3 mm。
3. 将实体抽壳，需要移除的面是底面，壳体的厚度为 3.2 mm。

---

# 2 完善主体

1. 在 XY 平面上绘制草图，拉伸草图，并与实体进行布尔求差操作，添加卡槽特征。
2. 用同样的方法，选择合适的平面绘制草图，添加加强筋、凹槽等特征。

---

# 3 添加特征

1. 在 XY 平面上绘制草图，拉伸草图，创建多个小圆台特征。
2. 用同样的方法创建多个固定孔特征。

---

# 4 添加特征

1. 添加拔模特征。
2. 添加倒圆角特征。
3. 保存文件，完成零件设计。

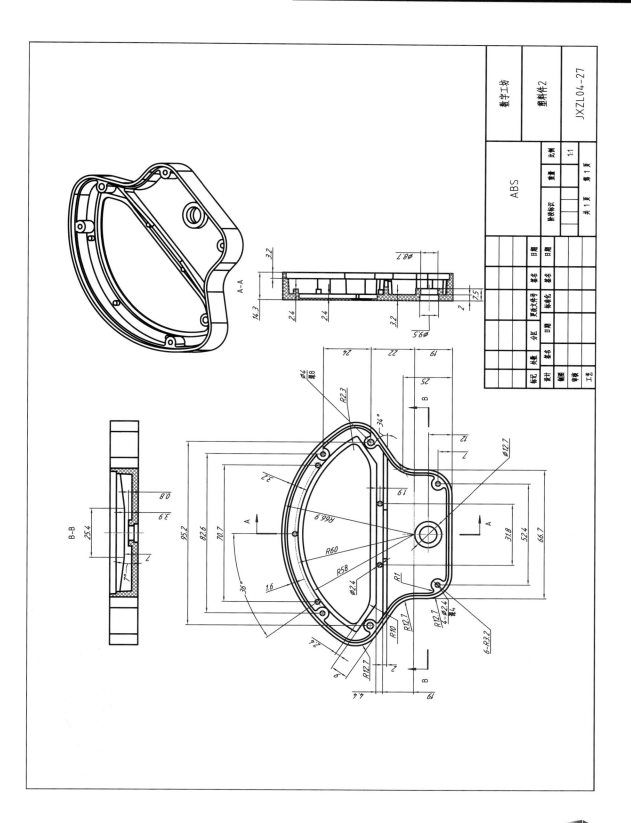

## ■ 塑料结构件

编号：**JXZL04-28**

**设计任务：**
1. 根据零件图纸完成零件三维设计。
2. 独立完成该零件的机械制图，图纸须符合机械制图国家标准。

难度：⭐⭐⭐

参考用时：**30 min**

案例解析：此零件属于塑料件。它的内部结构可以分成三类进行设计：一是加强筋、二是卡扣、三是连接柱。注意，加强筋和连接柱都需要进行拔模处理。加强筋在塑胶部件上是不可或缺的。加强筋可如"工"字铁般有效地增加产品的刚性和强度而无需大幅增加产品的切面面积，但不会如"工"字铁般出现倒扣难以成型的问题，对一些经常受到压力、扭力、弯曲的塑胶产品尤其适用。此外，加强筋更可充当内部流道，有助于模腔填充，对设计塑料流入部件的支节有很大的帮助作用。
数据下载地址：https://pan.baidu.com/s/1N5rR6Gx8VM 5h7ea_L6W-nQ

扫码下载模型

---

**创建主体 1**

1. 新建零件模型文件，文件名称为 JXZL04-28。
2. 在 XY 平面上绘制草图，拉伸草图，拉伸距离 12 mm。
3. 将实体添加倒圆角特征，圆角半径为 5 mm。

---

**完善主体 2**

将实体抽壳，需要移除的面是底平面，壳体的厚度为 1 mm。

---

**添加特征 3**

1. 在 ZX 平面上绘制草图，拉伸草图，根据图纸创建卡扣特征。以 ZX 平面为中心镜像卡扣。再以 ZY 平面为中心镜像这两个卡扣。
2. 在 XY 平面上绘制多个草图，拉伸草图，为实体添加加强筋、固定柱、半圆形孔等特征。

---

**优化模型 4**

1. 在 ZX 平面上绘制草图，拉伸草图，添加左侧两个圆台特征。以 ZX 平面为中心，镜像这两个圆台。将这 4 个圆台与主体布尔求和。
2. 给加强筋、固定柱等添加拔模角。
3. 抽取实体表面的曲面，利用曲面修剪加强筋、固定柱等特征。
4. 将加强筋、固定柱等特征与主体布尔求和。

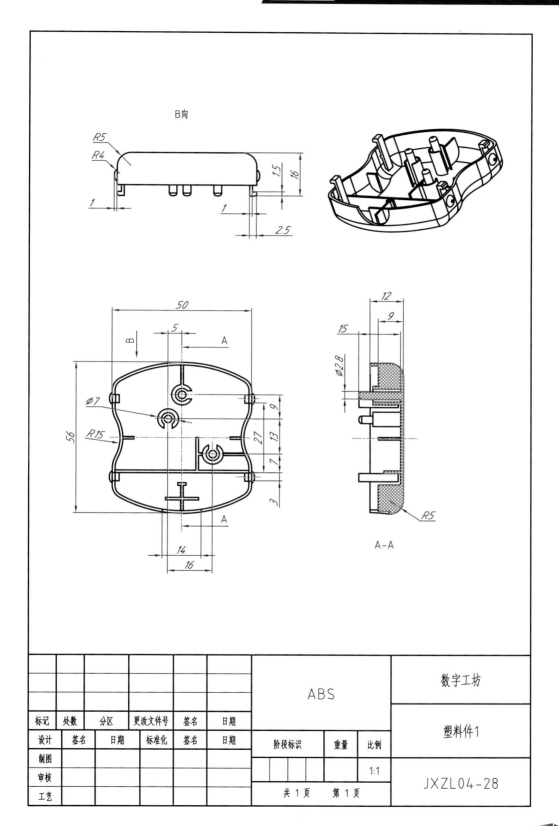

B向

R5
R5
R4
1.5
16
1
1
2.5

50
5
B
A
Ø7
R15
56
27
13
9
7
3
14
16
A

12
9
15
Ø2.8
R5
A-A

| 标记 | 处数 | 分区 | 更改文件号 | 签名 | 日期 | ABS | | 数字工坊 |
|---|---|---|---|---|---|---|---|---|
| 设计 | 签名 | 日期 | 标准化 | 签名 | 日期 | | | 塑料件1 |
| 制图 | | | | | | 阶段标识 | 重量 比例 | |
| 审核 | | | | | | | 1:1 | JXZL04-28 |
| 工艺 | | | | | | 共1页 第1页 | | |

## ■ 电话机底座

编号：**JXZL04-29**

难度：

参考用时：**40 min**

**设计任务：**
1. 根据图纸完成零件三维设计，未标注的尺寸参考数模，重新抄画。
2. 独立完成该零件的机械制图，图纸须符合机械制图国家标准。

案例解析：电话机底座是一个注塑件，符合注塑件的特点。它的外形不规整，结构也比较复杂。可以从外部到内部，从整体到细节，逐一完成设计。你已挑战了常见的机加、钣金、铸造、注塑等各类工艺零件设计任务，完成这个系列的设计任务后，你已拥有数字化设计赵云战力，继续加油哦。

数据下载地址：https://pan.baidu.com/s/1FAeHs4dyIl665eHNR1Z8XQ

扫码下载模型

### 1 创建曲线

1. 新建零件模型文件，文件名称为 JXZL04-29。
2. 在 XY 平面上绘制草图，创建底部轮廓。
3. 根据图纸，在相应的位置上创建平面，在平面上绘制草图，创立上端面的轮廓。用同样的方式创建上端面向外延伸部分的最大轮廓线。

### 2 创建主体

1. 根据底面轮廓线，创建底平面。
2. 根据第 1 步创建的曲线（可适当增加需要的曲线），利用扫掠功能，创建侧壁曲面。
3. 将底面与侧壁缝合在一起。
4. 将曲面加厚，壁厚为 1.5 mm。

### 3 添加特征

1. 在 XY 平面上绘制草图，拉伸草图，创建 4 个固定孔，并与实体布尔求和。
2. 同样的方法创建其他结构特征。
3. 通过拉伸、抽壳、布尔运算等操作，添加电话机底座的电话线插孔部位的结构特征。
4. 通过拉伸、布尔求差等操作，添加电话线出口的结构特征。

### 4 优化模型

1. 添加倒圆角特征。
2. 保存文件，完成零件设计。

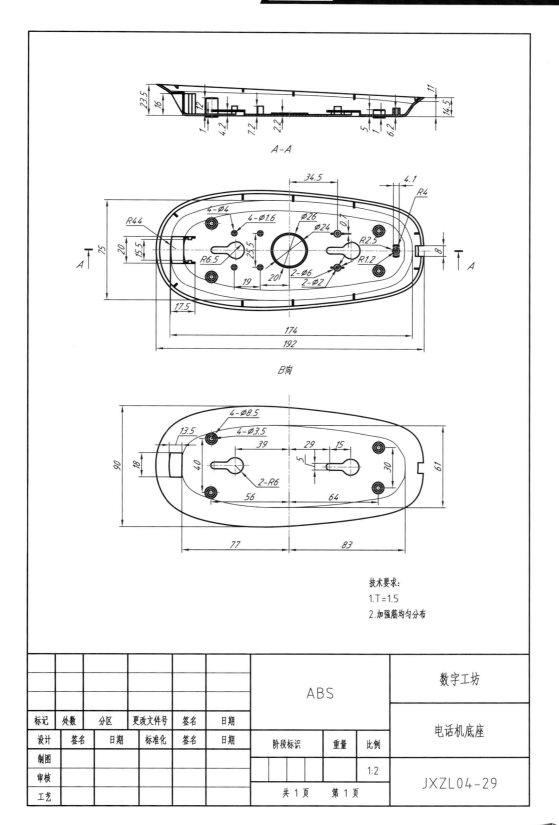

A-A

B向

技术要求:
1.T=1.5
2.加强筋均匀分布

| 标记 | 处数 | 分区 | 更改文件号 | 签名 | 日期 | | | | | ABS | | 数字工坊 |
|---|---|---|---|---|---|---|---|---|---|---|---|---|
| 设计 | 签名 | 日期 | 标准化 | 签名 | 日期 | | | | | | | 电话机底座 |
| 制图 | | | | | | 阶段标识 | | 重量 | 比例 | | | |
| 审核 | | | | | | | | | 1:2 | | | JXZL04-29 |
| 工艺 | | | | | | 共 1 页 第 1 页 | | | | | | |

## ■ 导向轴支座

编号：**JXZL04-30**

难度：

参考用时：**50 min**

**设计任务：**

1. 根据零件图纸完成零件三维设计。
2. 独立完成该零件的机械制图，图纸须符合机械制图国家标准。

系列化设计的优点：

1. 可以大大减少设计工作量；
2. 提高设计质量；
3. 减少产品开发的风险；
4. 缩短产品的研制周期。

---

### 1 设置参数

1. 认真阅读导向轴支座参数表。
2. 新建零件模型文件，文件名称为 JXZL04-30。
3. 按照后面的零件参数表，在软件中创建圆形法兰对应的用户自定义参数。（以圆形法兰为例）

---

### 2 创建模型

1. 参考零件参数表，按照圆形法兰直径 D=8 mm 系列数据，完成零件三维模型的设计。
2. 将特征尺寸与用户自定义参数关联。

---

### 3 检验数据

1. 选择零件参数表中的另外一组数据，修改法兰直径，例如：把直径 D=8 mm 改成直径 D=20 mm。
2. 观察模型变化情况，并抽取模型直径及其他参数进行测量，与零件参数表的数据对比，验证数据的正确性。

---

### 4 生成族表

将用户自定义参数创建为参数 Excel 族表，在族表中添加 8D、10D 等系列化参数及数据，通过族表中一行系列数据驱动生成模型。

---

### 5 完成设计

1. 新建装配体文件，将圆形法兰的所有系列化模型添加到装配体里。
2. 在装配体中可以调用圆形法兰 D=8 mm 等任意型号数据，检查零件调用结果。

标准型圆形法兰　　　　标准型方形法兰　　　　标准型对边形法兰

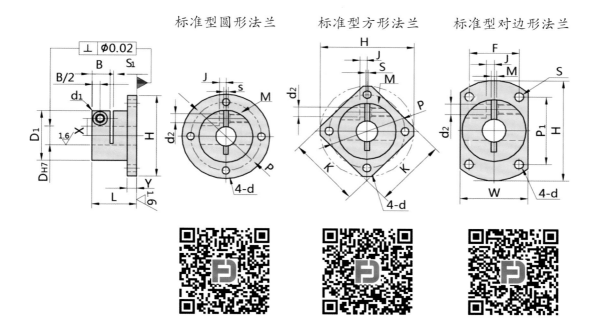

零件参数表

| 类型 | D | H7公差 | $D_1$ | H | Y | L | B | $S_1$ | X | P | K | W | $P_1$ | F | S | J | $d_1$ | $d_2$ | d | M(粗牙螺纹) | 附属螺栓 M×长 |
|---|---|---|---|---|---|---|---|---|---|---|---|---|---|---|---|---|---|---|---|---|---|
| 圆形法兰 方形法兰 对边形法兰 | 8 | +0.015 0 | 25 | 39 | 5 | 18 | 10 | 1.5 | 7.5 | 32 | 30 | 27 | 25 | 20 | 1.5 | 3.5 | 7.5 | 4.6 | 3.5 | M4 | M4×10 |
| | 10 | +0.015 0 | 30 | 49 | 5 | 20 | 10 | 1.5 | 10 | 38 | 32 | 33 | | 23 | 1.5 | 3 | 9 | 5.6 | 4.5 | M5 | M5×10 |
| | 12 | +0.018 0 | 32 | 52 | 6 | 22 | 12 | 1.5 | 11 | 42 | 40 | 34 | 35 | 25 | 1.5 | 4 | 9 | 5.6 | 4.5 | M5 | M5×12 |
| | 13 | +0.018 0 | 32 | 52 | 6 | 24 | 12 | 1.5 | 11 | 42 | 40 | 34 | 35 | 25 | 1.5 | 4 | 9 | 5.6 | 4.5 | M5 | M5×12 |
| | 15 | +0.018 0 | 35 | 56 | 6 | 27 | 12 | 1.5 | 12 | 46 | 44 | 37 | 37 | 27 | 1.5 | 5 | 9 | 5.6 | 5.5 | M5 | M5×12 |
| | 16 | +0.018 0 | 35 | 56 | 6 | 30 | 12 | 1.5 | 12 | 46 | 44 | 37 | 37 | 27 | 1.5 | 5 | 9 | 5.6 | 5.5 | M5 | M5×12 |
| | 20 | +0.021 0 | 40 | 64 | 8 | 32 | 15 | 2 | 14 | 52 | 50 | 42 | 43 | 30 | 1.5 | 6 | 9 | 5.6 | 6.6 | M5 | M5×16 |
| | 25 | +0.021 0 | 45 | 69 | 8 | 38 | 15 | 2 | 17 | 57 | 54 | 47 | 46 | 34 | 1.5 | 6 | 9 | 5.6 | 6.6 | M5 | M5×16 |
| | 30 | +0.021 0 | 55 | 79 | 10 | 40 | 15 | 2 | 20 | 67 | 60 | 57 | | 45 | 1.5 | 10 | 12 | 6.6 | 9 | M6 | M6×20 |
| | 35 | +0.025 0 | 60 | 94 | 10 | 48 | 15 | 2 | 23 | 77 | 71 | 66 | 58 | 50 | 1.5 | 12 | 12 | 6.6 | 9 | M6 | M6×20 |
| | 40 | +0.025 0 | 70 | 104 | 12 | 55 | 18 | 2 | 26 | 87 | 81 | 76 | 67 | 55 | 1.5 | 13 | 14 | 9 | 9 | M8 | M8×26 |
| | 50 | +0.025 0 | 85 | 119 | 12 | 65 | 22 | 2 | 32 | 102 | 94 | 91 | 82 | 60 | 1.5 | 16 | 18 | 11 | 11 | M10 | M10×32 |

# 2.5 产品曲面造型与结构设计专项案例

## ■ USA35 翼型截面轮廓

编号：**JXZL05-01**

难度：

参考用时：**10 min**

**设计任务：**
1. 根据 Profili 软件计算出的 USA35 翼型截面轮廓数据，创建几何点。
2. 根据几何点创建 USA35 翼型截面轮廓曲线并确保曲线光顺。

从本案例开始，闪电哥将带你学习产品曲面造型与结构设计。Profili 软件计算出的 USA35 翼型截面轮廓如下。

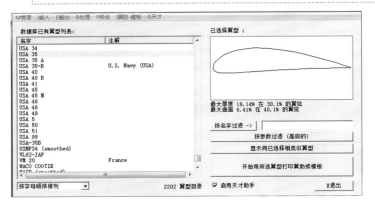

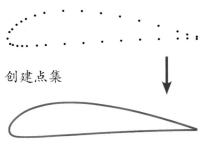

创建点集

创建样条曲线

翼型截面上几何点三坐标值

| 上面的 X | 上面的 Y | 上面的 Z | 下面的 X | 下面的 Y | 下面的 Z |
|---|---|---|---|---|---|
| 0 | 0 | 100 | 0 | 0 | 100 |
| 1.093 | 3.805 | 100 | 1.359 | −2.654 | 100 |
| 2.28 | 5.344 | 100 | 2.635 | −3.272 | 100 |
| 4.684 | 7.693 | 100 | 5.152 | −3.698 | 100 |
| 7.107 | 9.542 | 100 | 7.656 | −3.795 | 100 |
| 9.55 | 10.943 | 100 | 10.157 | −3.812 | 100 |
| 14.471 | 12.865 | 100 | 15.153 | −3.706 | 100 |
| 19.416 | 14.189 | 100 | 20.142 | −3.441 | 100 |
| 29.37 | 15.309 | 100 | 30.117 | −2.841 | 100 |
| 39.377 | 15.15 | 100 | 40.092 | −2.24 | 100 |
| 49.43 | 13.864 | 100 | 50.069 | −1.67 | 100 |
| 59.505 | 12.029 | 100 | 60.049 | −1.189 | 100 |
| 69.603 | 9.654 | 100 | 70.033 | −0.798 | 100 |
| 79.719 | 6.83 | 100 | 80.02 | −0.487 | 100 |
| 89.848 | 3.697 | 100 | 90.013 | −0.306 | 100 |
| 94.919 | 1.966 | 100 | 95.00901 | −0.23 | 100 |
| 100 | 0.215 | 100 | 100 | −0.215 | 100 |

## ■ 空间螺旋线

**编号：JXZL05-02**

**难度：** ⭐

**参考用时：10 min**

**设计任务：**
1. 根据图示按比例创建正方体线框架及等分点。
2. 根据等分点创建空间螺旋线（注意与蓝色线的相切关系）。

此空间螺旋线是样条线。约束曲线与直线相切，切点在线段的中点。

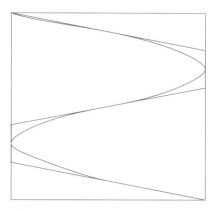

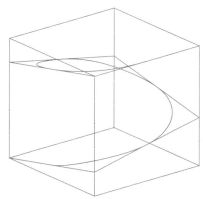

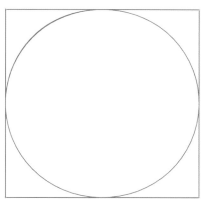

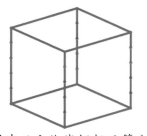

创建正方体线框架及等分点

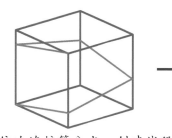

依次连接等分点，创建线段

创建样条曲线，并在每条线段中点处相切

## ■ 汽车外形空间线

**编号：JXZL05-03**

**难度：**

**参考用时：10 min**

在搭建空间线之前需要先将正视图和俯视图对正，并调整比例。

数据下载地址：https://pan.baidu.com/s/1K4AwNAoKoW5DRxXPNIjKHA

扫码下载模型

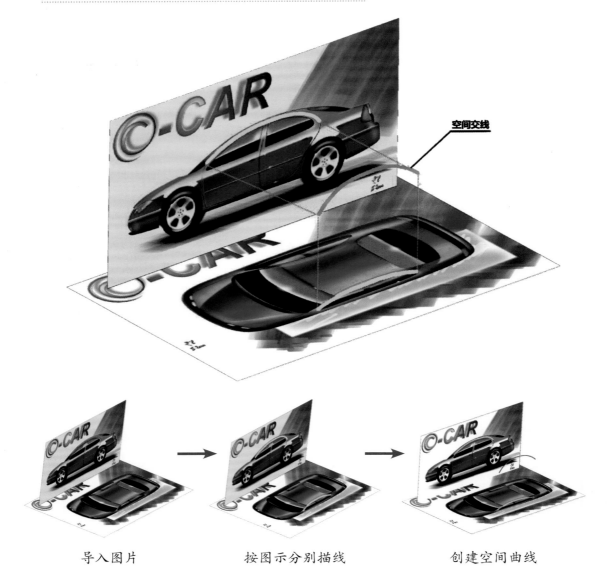

空间交线

导入图片　　　　　　按图示分别描线　　　　　　创建空间曲线

## ■ 钢丝弹卡

**设计任务：** 1. 按图示绘制三维空间曲线。
2. 按曲线完成钢丝弹卡建模。

编号：**JXZL05–04**

难度：

参考用时：**15 min**

注意：两边的曲线不在同一平面上哟。

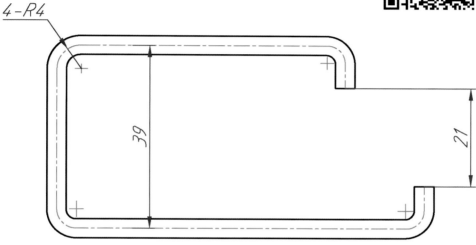

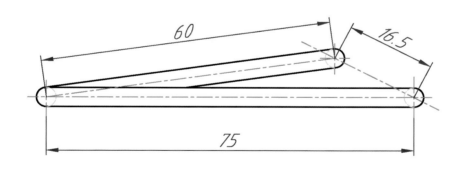

创建曲线　　　　在新的平面上创建另一条曲线　　　扫掠，完成实体模型的创建

## ■ 笑脸

编号：**JXZL05-05**

**设计任务:**
1. 根据图示比例，在圆球面上绘制"笑脸"曲线。
2. 利用曲线裁切"笑脸"曲面，并将其颜色属性改为如图所示的颜色。

难度：

参考用时：**15 min**

3D表情包，你也可以设计哟。

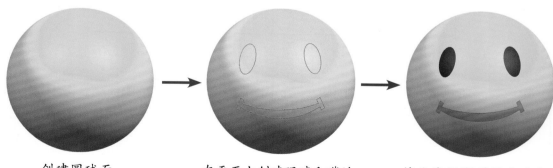

创建圆球面　　　　　　　在平面上创建眼睛和嘴的　　　　将曲线投影到圆球面上，
　　　　　　　　　　　　曲线　　　　　　　　　　　　　并分割曲面

■ **波浪线**

编号：**JXZL05–06**

**设计任务：** 1. 根据图示比例创建锥面上的波浪线。
2. 波浪线分别与上下边缘相切。

难度：★★

参考用时：**15 min**

闪电哥教你怎样在支持面上创建曲线。

创建圆锥面      创建样条曲线，将样条曲线      修剪曲面
投影到圆锥面上

## ■ 阿基米德螺线

**设计任务：** 绘制如图所示的阿基米德螺线。

与闪电哥一起探索数学与空间曲面的奥秘哟。

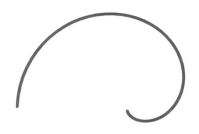

```
a=10
theta=t*360*2
r=a*theta
xt=r*cos(theta)
yt=r*sin(theta)
zt=0
```

阿基米德螺线

```
r=10
theta=360*2*t
s=r*rad(theta)
xt=r*cos(theta)+s*sin(theta)
yt=r*sin(theta)-s*cos(theta)
zt=0
```

渐开线

```
r=10
theta=t*180
phi=t*360*20
xt=r*sin(theta)*cos(phi)
yt=r*sin(theta)*sin(phi)
zt=r*cos(theta)
```

球面螺旋线

## ■ 正弦函数曲线

**编号：JXZL05-08**

**设计任务：** 绘制如图所示的正弦函数曲线，及其变形曲线。

**难度：** ⭐⭐

**参考用时：15 min**

改变参数值，看看图形有什么变化呢！

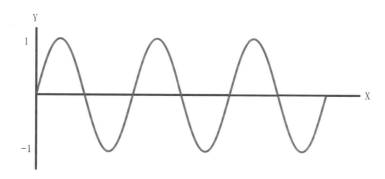

| r=6.5+(2.0*sin(theta*5))^2 | 正弦曲线基本方程式： |
|---|---|
| theta=t*360 | 若正弦曲线一个周期x方向长度 |
| xt=r*cos(theta) | 为50，振幅为10，则： |
| yt=r*sin(theta) | theta=t*360 |
| zt=0 | xt=50*t |
| | yt=10*sin(theta) |
| | zt=0 |

梅花线　　　　　　　　　　　正弦曲线

# ■ 旋钮

编号：**JXZL05–09**

**设计任务：**
1. 根据图示及提供的基础线架创建分块曲面，形成完整的曲面造型。
2. 完成厚度为 2 mm 的实体结构的创建。

难度：

参考用时：**30 min**

此旋钮属于对称件，因此在设计过程中先创建主体的1/4曲面，然后再利用镜像功能完成曲面设计。
数据下载地址：https://pan.baidu.com/s/1maOuTicCDA83Ozde-ZArZw，提取码：hzbu

扫码下载模型

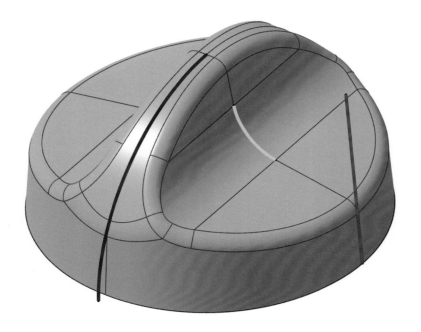

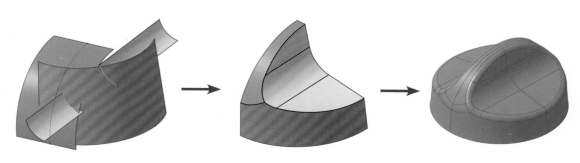

根据曲线创建曲面

修剪、延伸曲面，完成主体 1/4 曲面的设计

形成完整轮廓，并且将曲面加厚，完成实体模型的创建

## ■ 鼠标

**设计任务：**
1. 根据图示及提供的基础线架创建分块曲面，形成完整的曲面造型。
2. 完成厚度为 2 mm 的实体模型的创建。

线架搭得好，鼠标曲面才完美！
数据下载地址：https://pan.baidu.com/s/1Im0HsRbWmanCr5dYJcL4VQ，提取码：fvdf

**编号：JXZL05–10**

**难度：**

**参考用时：30 min**

扫码下载模型

完善基础线架，创建基本曲面

继续完善曲面

镜像、缝合曲面并加厚曲面，完成实体模型的创建

## ■ 螺旋桨叶片

**编号：** JXZL05-11

**难度：**

**参考用时：** 35 min

**设计任务：**

1. 根据提供的基础点数据，完成线架构建。通过线架完成螺旋桨主要分块曲面的创建。
2. 完善曲面，形成完整的螺旋桨造型，并填充生成螺旋桨实体。

导入点集数据后，切记将对应区域点数据顺次连接，避免构建线架时连错点。

数据下载地址：https://pan.baidu.com/s/1p1NIC-Ew7VX8LghW8hucRQ

扫码下载模型

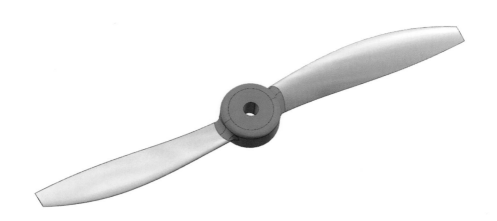

根据点集创建线架　　　　根据线架创建曲面　　　　填充曲面，完成实体模型的创建

## ■ 钻石

编号：**JXZL05-12**

 **设计任务：**
1. 根据图示创建线架，并完成钻石曲面的创建。
2. 填充钻石曲面以形成实体。

难度：⭐⭐⭐

参考用时：**35 min**

重复的线架或者曲面可以使用阵列命令完成创建。

创建线架　　　　　　根据线架创建曲面　　　　　完善曲面，将曲面填充
　　　　　　　　　　　　　　　　　　　　　　　成实体

## ■ 星形零件

编号：**JXZL05-13**

**设计任务：**
1. 根据所给图形及尺寸，完成曲面的创建。
2. 填充曲面形成实体。

难度：

参考用时：**35 min**

这个案例看着眼熟吗？没错，设计方法与"钻石"案例相似。快来试试吧！

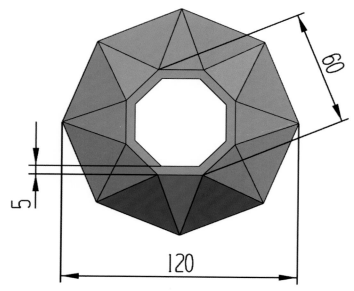

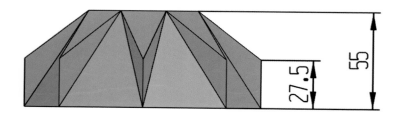

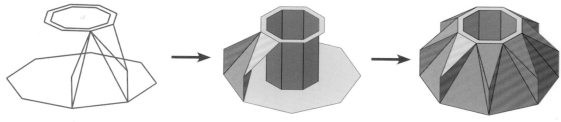

创建线架

根据线架创建曲面

完善曲面，并将曲面填充成实体

## ■ 盒体

编号：**JXZL05-14**

设计任务：
1. 根据图纸完成零件曲面设计。
2. 填充曲面形成实体。

难度：⭐⭐⭐

参考用时：**40 min**

这个案例需要先创建空间线，你还记得"汽车外形空间线"案例中的曲线是怎么创建的吗？

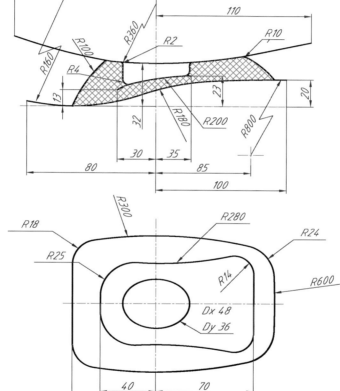

根据图纸绘制草图，创建盒体基本轮廓

根据轮廓线创建曲面，并将曲面填充成实体

在实体上添加特征

# ■ 塑料瓶

编号：**JXZL05–15**

**设计任务：**
1. 根据零件图纸完成零件三维模型的曲面设计。
2. 瓶子壁厚 2 mm。

难度：

参考用时：**50 min**

根据三视图及截面图，创建轮廓线，并生成曲面。

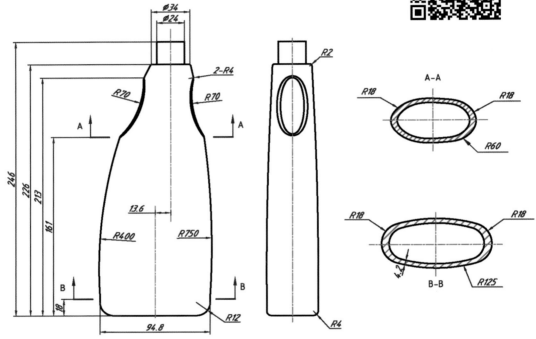

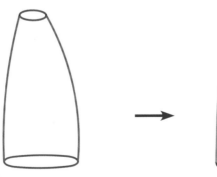

根据图纸创建线架

根据线架创建曲面

将曲面加厚，完成实体的创建

## ■ 曲面补面——瓜籽

**编号：JXZL05-16**

**设计任务：**
1. 根据所提供的线架结构，完成三维模型的曲面设计。
2. 曲面达到相切连续。

**难度：**

**参考用时：60 min**

要想做一个好的曲面造型，就要把自己想像成一个裁缝，能够把复杂的曲面拆分成简单的曲面块，最终把曲面块修剪、缝合在一起。
数据下载地址：https://pan.baidu.com/s/139XUPbkjhqL3m1f4g_KtPA

扫码下载模型

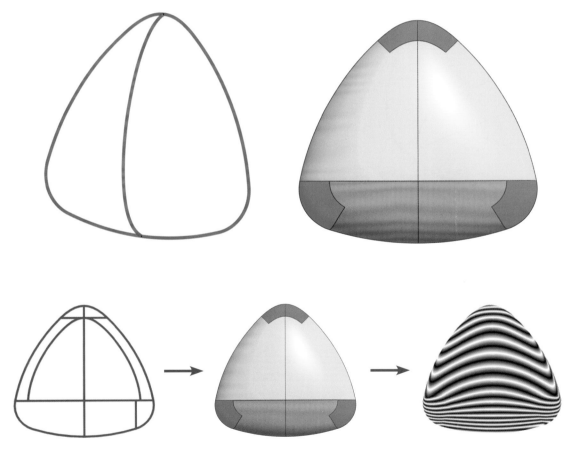

根据已知线架结构，补充所需要的线架

根据线架，创建曲面，并且曲面达到相切连续

分析：曲面的连续性

## ■ 曲面补面——椭圆开关

编号：**JXZL05-17**

**设计任务：**
1. 根据所提供的线架结构，完成三维模型的曲面设计。
2. 曲面达到相切连续。

难度：

参考用时：**60 min**

所提供的线架和曲面是不规则的图形，其截面是由小到大的渐变轮廓，需要在纵方向上创建一些引导线掌控曲面的外形轮廓。
数据下载地址：https://pan.baidu.com/s/1kEjhip8023rrH5oByxuS9g

扫码下载模型

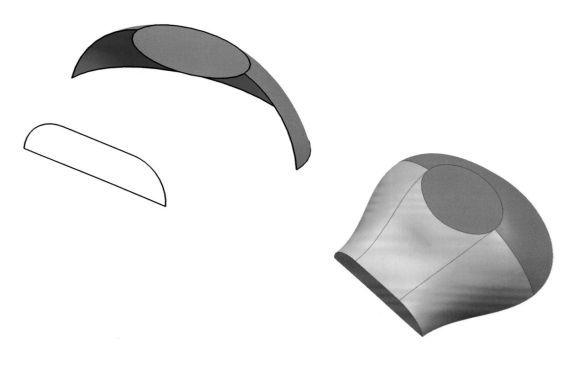

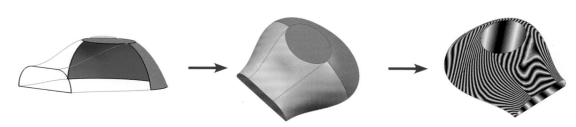

根据已知线架结构，补充所需要的线架

根据线架，创建曲面，并使曲面达到相切连续

分析：曲面的连续性

## ■ 曲面补面——五边面

编号：**JXZL05-18**

难度：★★★

参考用时：**60 min**

**设计任务：**
1. 根据所提供的线架结构，完成三维模型的曲面设计。
2. 曲面达到相切连续。

案例中所需要补充的曲面是一个对称图形，所以先考虑补充出一半；一半的轮廓线是五边形，创建线架结构使五边形变成四边形，完成曲面的创建。需要多次创建，以达到相切连续的效果。

数据下载地址：https://pan.baidu.com/s/1xyAWrUP9SF4QtdegJCnwHQ

扫码下载模型

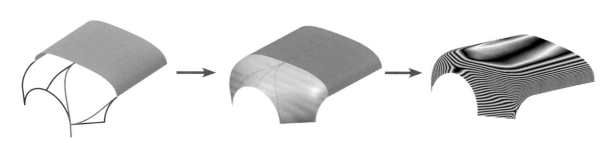

根据已知线架结构，补充所需要的线架

根据线架，创建曲面，并使曲面达到相切连续

分析：曲面的连续性

## ■ 渐消面——橄榄球

**设计任务：** 1. 根据所提供的基础线架，完成渐消面的曲面设计。

2. 渐消面达到相切连续。

曲面可分成两部分：大椭圆体和渐消面。先完成椭圆体的曲面设计，再根据提供的轮廓线修剪曲面，最后完成渐消面的创建。

数据下载地址：https://pan.baidu.com/s/1cFe863EWjag1wGNkMWNXmw

**编号：JXZL05-19**

**难度：**

**参考用时：60 min**

扫码下载模型

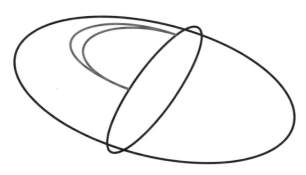

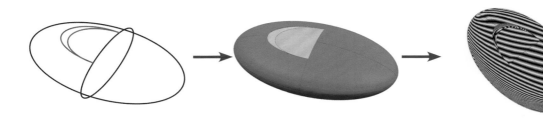

根据已知线架结构，补充所需要的线架　　　根据线架，创建曲面，并使曲面达到相切连续　　　分析：曲面的连续性

## ■ 渐消面——螺旋面

编号：**JXZL05-20**

**设计任务：**
1. 根据所提供的基础线架，完成渐消面的曲面设计。
2. 渐消面达到相切连续。

难度：★★★★

参考用时：**60 min**

扫码下载模型

将曲面分解成三部分：外侧曲面、内侧曲面、渐消面。首先根据已知线架完成外侧曲面的创建，并通过扫掠创建螺旋上升面。然后创建线架，完成内侧曲面的创建。最后创建线架，完成渐消面的创建。
数据下载地址：https://pan.baidu.com/s/1wTkTWxo9ASNrRNH7kMkmbA

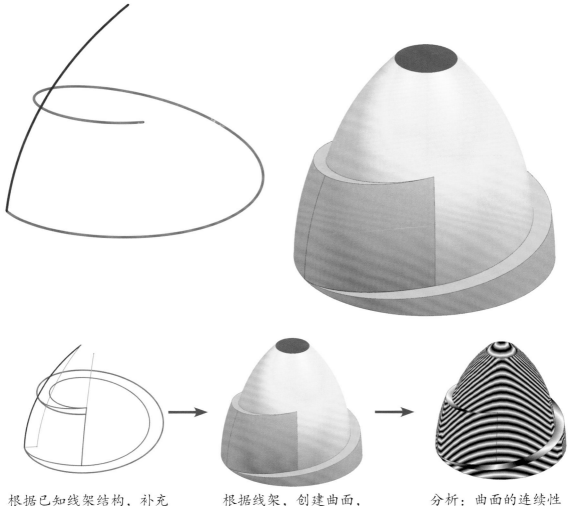

根据已知线架结构，补充所需要的线架　　根据线架，创建曲面，并使曲面达到相切连续　　分析：曲面的连续性

## ■ Hello Kitty

编号：**JXZL05–21**

难度：

参考用时：**70 min**

将曲面拆解成头、身体、手臂、耳朵、装饰等区域。每一部分都由一个或多个曲面构成。创建每一个曲面，尽量由四边形或者相切曲线创建，避免产生收敛点。

数据下载地址：https://pan.baidu.com/s/1xkJEp7iq43vMWpT_WyDrMw

扫码下载模型

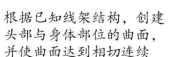

根据已知线架结构，创建头部与身体部位的曲面，并使曲面达到相切连续

根据已知线架结构，创建其他部位的曲面，并使曲面达到相切连续

分析：曲面的连续性

# ■ Monkey

编号：**JXZL05–22**

**设计任务：**
1. 根据图示及提供的基础线架，完成 Monkey 曲面造型设计。
2. 曲面达到相切连续。

难度：★★★★☆

参考用时：**90 min**

案例解析：1. 从整体造型来看，除尾巴以外的结构都是左右对称的。2. 若提供的基础线架不足以创建完整的光顺的曲面，则需要在已知线架的基础上创建所需线架。3. 根据线架创建光顺曲面。
数据下载地址：https://pan.baidu.com/s/1qBpBo2sw9flwUM3nH5C2Tw

扫码下载模型

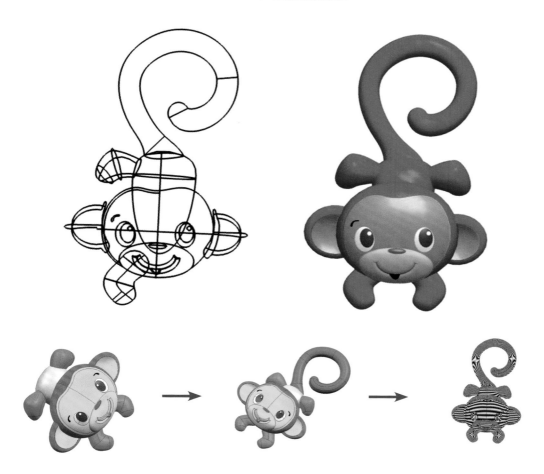

根据已知线架结构，创建 monkey 对称结构部位的曲面，并使曲面达到相切连续

创建 monkey 尾巴部位的曲面，并使曲面达到相切连续

分析：曲面的连续性

# ■ 沐浴头

**设计任务：**

1. 根据所提供的沐浴头的基础线架结构，完成曲面设计。
2. 曲面达到相切连续。

案例解析：1. 此产品的结构与三通管的结构很相似，关键在于如何创建中间的曲面。2. 曲面可以通过多次修改和调整，来达到相切连续。

数据下载地址：https://pan.baidu.com/s/1mgZHZYHSO7-N5r889tWsVg

编号：**JXZL05–23**

难度：★★★★★

参考用时：**100 min**

扫码下载模型

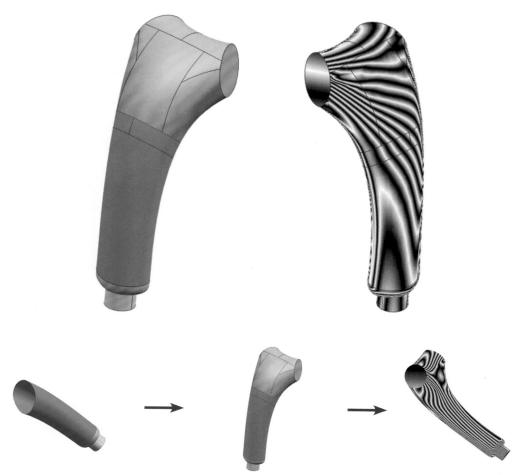

根据已知线架结构，创建如图中黄色、紫色、蓝色区域的部分曲面，并使曲面达到相切连续

创建沐浴头头部部位曲面，并使曲面达到相切连续

分析：曲面的连续性

# ■ 相连交叉环

编号：**JXZL05–24**

难度：⭐⭐

参考用时：**30 min**

**设计任务：**
1. 绘制如图所示的"相连交叉环"的空间曲线。
2. 根据曲线构建实体模型。

创建椭圆，将椭圆阵列出2个，每两个椭圆之间的夹角为120°。将阵列出的椭圆分别沿着长半轴旋转一定角度（旋转多少度就看你的喽！），使3个椭圆空间错开。按图示先修剪曲线，再桥接曲线，并且使曲线光顺（至少达到相切连续哟！）。根据曲线创建实体模型。

创建光顺的曲线，搭建线架

根据线架结构，创建曲面，并使曲面达到相切连续

分析：曲面的连续性

# ■ 莫比乌斯环

编号：JXZL05-25

**设计任务：** 按图示比例完成"莫比乌斯环"曲面的造型。

难度：

参考用时： **30 min**

公元1858年，德国数学家莫比乌斯和约翰·李斯丁发现：把一根纸条扭转180°后，将两头再粘接起来做成的纸带圈，具有魔术般的性质。普通纸带具有两个面（即双侧曲面），一个正面，一个反面，两个面可以涂成不同的颜色；而这样的纸带只有一个面（即单侧曲面），一只小虫可以爬遍整个曲面而不必跨过它的边缘。这种纸带被称为"莫比乌斯带（环）"（也就是说，它的曲面只有一个）。

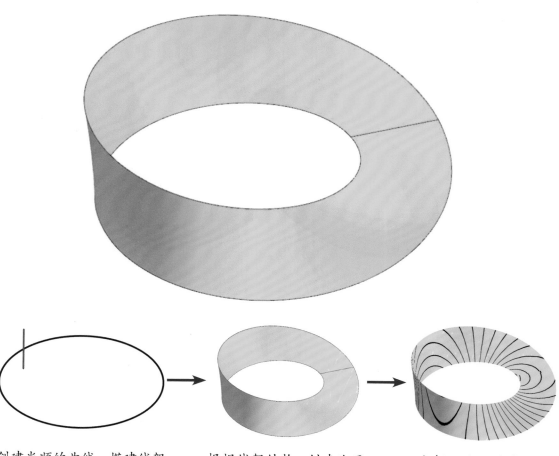

创建光顺的曲线，搭建线架

根据线架结构，创建曲面，并使曲面达到相切连续

分析：曲面的连续性

# ■ "3D 圈圈"标

**编号：JXZL05-26**

**设计任务：**
1. 绘制如图所示的"3D 圈圈"的空间曲线。
2. 根据曲线构建实体模型。

**难度：**⭐⭐⭐

**参考用时：40 min**

首先要有一个球面，然后在球面上创建符合规律的螺旋线，最后将球面切割成如图所示的"3D 圈圈"标志。

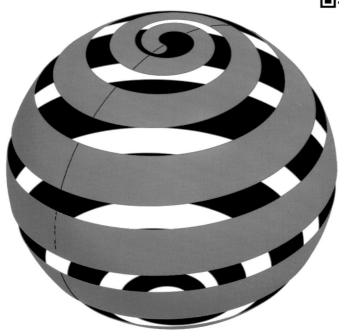

创建光顺的曲线，搭建线架 → 根据曲线创建实体模型 → 创建光顺的曲面

# ■ 克莱因瓶

**设计任务：** 根据图示比例完成"克莱因瓶"曲面的创建。

编号： **JXZL05-27**

难度：

参考用时： **50 min**

在 1882 年，著名数学家菲立克斯·克莱因发现了后来以他的名字命名的著名"瓶子"。"克莱因瓶"的结构可表述为：一个瓶子底部有一个洞，现在延长瓶子的颈部，使其扭曲地进入瓶子内部，然后和底部的洞相连接。和我们平时用来喝水的杯子不一样，这个物体没有"边"，它的表面不会终结。

克莱因瓶：曲面拆分成两部分，上面的类似心形的结构、上下端口连接的部分。类心形结构可以通过创建线架，创建回转体完成。连接部分需要创建光顺的线架，再通过扫掠创建曲面。

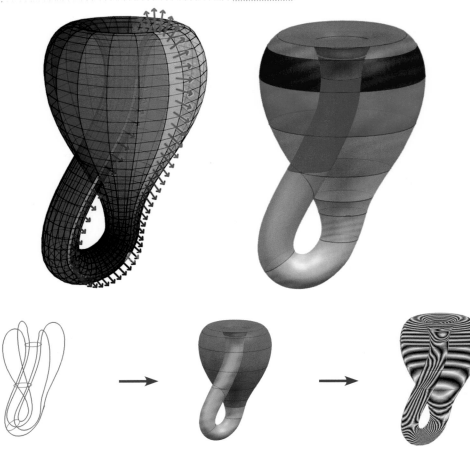

创建光顺的曲线，搭建线架     根据线架结构，创建曲面，并使曲面达到相切连续     分析：曲面的连续性

# ■ 三角支撑底座

编号：**JXZL05-28**

**设计任务：**

1. 根据 ID 图，创建产品基本线架，并完成产品曲面造型设计及曲面质量分析。
2. 完成三角支撑底座的结构设计。

难度：⭐⭐⭐

参考用时：**60 min**

案例解析：首先导入图片，然后根据导入的图片创建曲线，再根据搭建的线架创建三角支撑底座其中一角，并运用阵列命令完成曲面创建。

数据下载地址：https://pan.baidu.com/s/1WGLc_RlBaIZBlSNTvwcaPQ

扫码下载模型

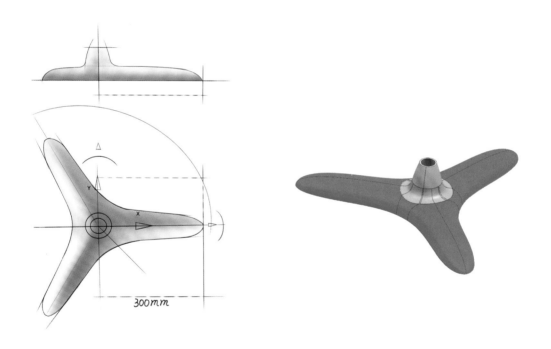

300mm

创建光顺的曲线，搭建线架

根据线架结构，创建曲面，并使曲面达到相切连续

分析：曲面的连续性

## ■ 创意水杯

**设计任务：** 1. 根据图示比例，完成杯子的曲面造型。
2. 增加曲面厚度并倒角完成水杯实体结构设计。

编号：**JXZL05-29**

难度：★★★

参考用时：**60 min**

设计此水杯分三步走：1.水杯主体；2.水杯手把；3.水杯杯嘴。

创建光顺的曲线，搭建线架　　根据线架结构，创建曲面，并使曲面达到相切连续　　分析：曲面的连续性

# ■ 摄像头

**编号：JXZL05–30**

**设计任务：**
1. 根据摄像头概念草绘，设定产品基本线架。
2. 基于线架完成产品曲面造型设计及曲面质量分析。

**难度：**

**参考用时：70 min**

此摄像头外壳采用 ABS 材料注塑成型。设计零件时，注意卡接扣部位，弧面幅度设计要小一点，以避免摄像头在卡扣过程中发生掉落摔坏的情况。

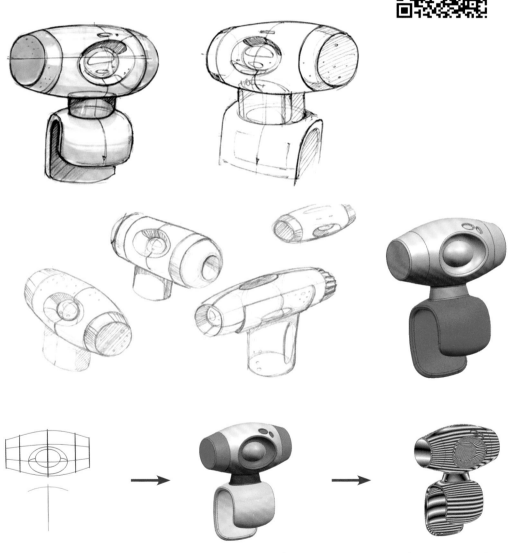

创建光顺的曲线，搭建线架 　　　　根据线架结构，创建曲面，并使曲面达到相切连续 　　　　分析：曲面的连续性

## ■ 投影仪

编号：**JXZL05-31**

**设计任务：**
1. 根据投影仪概念草绘，设定产品基本线架。
2. 基于线架完成产品曲面造型设计及曲面质量分析。

难度： ⭐⭐⭐

参考用时：**80 min**

由于此投影仪是置于平面上的，因此在设计的过程中加上防滑脚垫，既能提高稳定性，也能起到缓冲的作用。

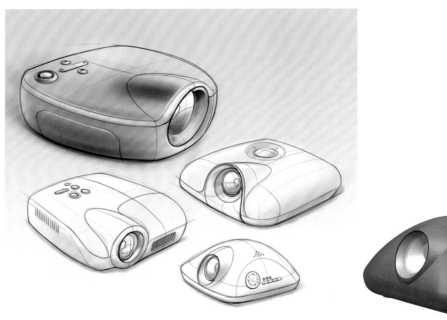

创建光顺的曲线，搭建线架　　　根据线架结构，创建曲面，并使曲面达到相切连续　　　分析：曲面的连续性

## ■ 音响

设计任务：
1. 根据音响概念草绘，设定产品基本线架。
2. 基于线架完成产品曲面造型设计及曲面质量分析。

创意是一种通过创新思维意识，从而进一步挖掘和激活资源组合方式进而提升资源价值的方法。

"文学家在自己作品的创意和风格上，应该充分地表现出自己的个性。"（出自郭沫若《鼎》）

编号：**JXZL05-32**

难度：

参考用时：**90 min**

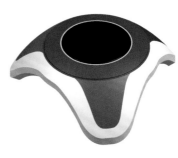

创建光顺的曲线，搭建尽量规范的四边形线架

根据线架结构，创建曲面，并使曲面达到相切连续

分析：曲面的连续性

## ■ 紫砂壶

**编号：JXZL05-33**

**难度：** ★★★★★

**参考用时：100 min**

| 设计任务： | 1. 根据紫砂壶 ID 效果图，创建产品基本线架，完成产品曲面造型设计。 |
| --- | --- |
| | 2. 进行曲面质量分析，并完成产品实体结构的创建。 |

流线形是物体的一种外部形状，通常表现为平滑而规则的表面，没有大的起伏和尖锐的棱角。因此，设计该产品时要注意外部形状是否美观。

数据下载地址：https://pan.baidu.com/s/1Elsx4DZmcpUhWEI_iJLcBA

扫码下载模型

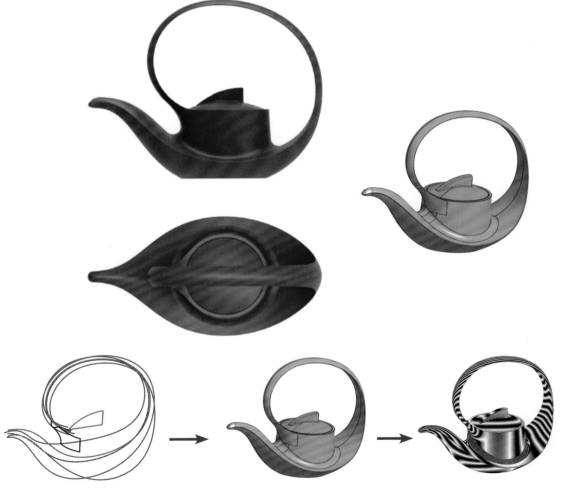

创建光顺的曲线，搭建尽量规范的四边形线架

根据线架结构，创建曲面，并使曲面达到相切连续

分析：曲面的连续性

# ■ 电熨斗

**设计任务：**
1. 根据电熨斗 ID 效果图，创建产品基本线架。
2. 基于线架完成产品曲面造型设计及曲面质量分析。

持之以恒的学习是设计的来源，责任感是设计的原则，而灵感是设计的升华。

数据下载地址：https://pan.baidu.com/s/1-ixQBhxQMQU73WTS8QFBfQ

**编号：JXZL05–34**

**难度：**

**参考用时：110 min**

扫码下载模型

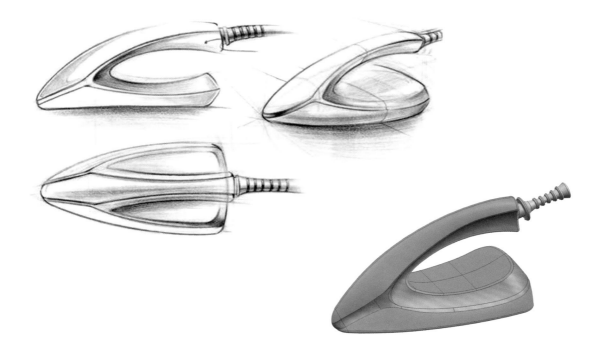

创建光顺的曲线，搭建尽量规范的四边形线架

根据线架结构，创建曲面，并使曲面达到相切连续

分析：曲面的连续性

## ■ MP3

编号：**JXZL05–35**

设计任务：
1. 根据 MP3 概念草绘，设定产品基本线架。
2. 基于线架完成产品曲面造型设计及曲面质量分析。

难度：★★★★★

参考用时：**120 min**

3C 类产品，即通信产品（Communication）、电脑产品（Computer）以及消费类电子产品（Consumer）。本例的 MP3 属于消费类电子产品，在设计此类产品时，可多多翻阅相关书籍。

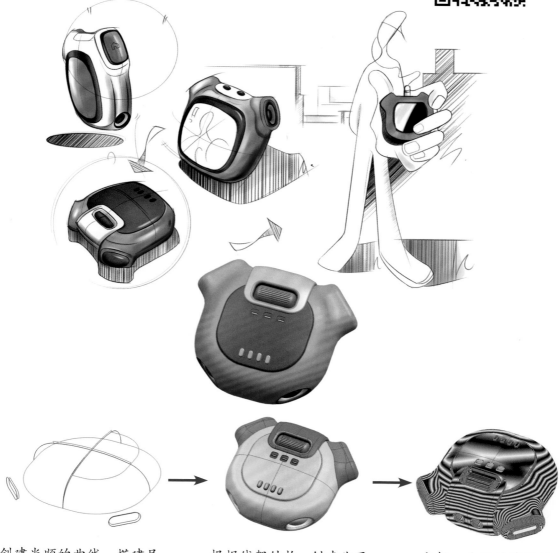

创建光顺的曲线，搭建尽量规范的四边形线架

根据线架结构，创建曲面，并使曲面达到相切连续

分析：曲面的连续性

# ■ 香皂盒

编号：**JXZL05-36**

难度：★★★

参考用时：**120 min**

**设计任务：**
1. 根据提供的三视图图纸完成盒子曲面造型。
2. 根据盒子曲面造型，拆分盒子上盖和底座实体结构零件。

设计香皂盒时，运用 Top-Down Design。Top-Down Design 是一种由顶层的产品结构传递设计规范到所有相关次系统的一种设计方法论，通过 Top-Down Design 的运用，能够有效地传递设计规范给各个子组件，从而更方便高效地对整个设计流程进行管理。

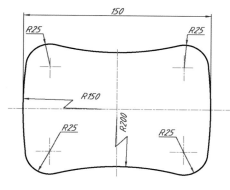

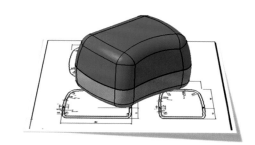

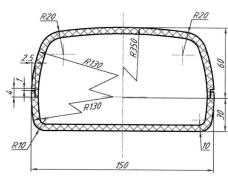

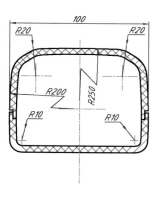

创建主控模型

链接底座，优化模型

链接上盖，优化模型

# 2.6 产品零部件装配与运动机构仿真专项案例

## ■ 锁扣

编号：**JXZL06-01**

难度：

参考用时：**30 min**

**设计任务：**
1. 根据图示进行锁扣的自顶向下设计（详细尺寸、参数、材料根据设计自定）。
2. 对自顶向下设计的的产品进行装配。

在锁扣的装配过程中，一定得注意弹簧的装配方法哦。
数据下载地址：https://pan.baidu.com/s/
1uhbPYoFXa_7NxSBOwnTFQA

扫码下载模型

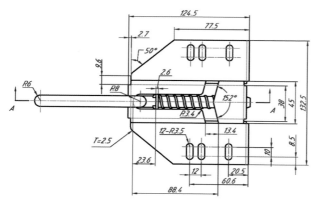

根据图示，创建零件模型　　对各零件进行装配　　对装配体的整体尺寸测量检查

## ■ 鹦鹉

**设计任务：**
1. 根据给出的三维模型数据文件，按照图示进行鹦鹉的装配设计。
2. 对产品进行分析（质量分析及重心分析）。

数据下载地址：https://pan.baidu.com/s/1WzHpZKFZAIQsl0zlLOBxgQ

编号：**JXZL06-02**

难度：

参考用时：**40 min**

扫码下载模型

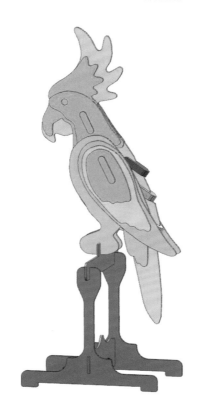

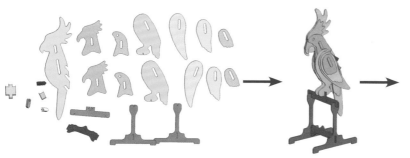

导入 STP 文件　　　　将各零件进行装配　　　　对装配体的质量及重心进行分析

# ■ 可倾斜工作台

**编号：JXZL06-03**

**设计任务：**
1. 根据图示进行可倾斜工作台的装配设计。
2. 对产品进行分析（干涉分析及剖面分析）。

**难度：**

**参考用时：50 min**

 注意装配约束的相对约束关系。
数据下载地址：https://pan.baidu.com/s/
1EA4faZJA3AUIGFZlJfkPBg

扫码下载模型

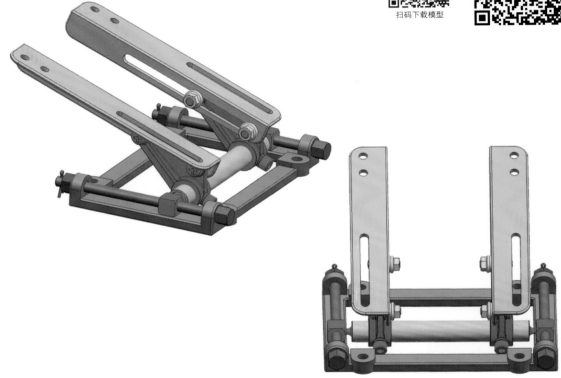

导入 STP 文件　　　　将各零件进行装配　　　对装配体进行干涉分析及结
　　　　　　　　　　　　　　　　　　　　　　构剖面分析

# ■ 脚轮

**设计任务：**

1. 根据图示完成脚轮（Trolley Wheel with Brake）的装配。
2. 对脚轮产品进行分析（干涉分析及剖面分析）并制作装配动画。

**编号：JXZL06-04**

**难度：** ★★★

**参考用时：80 min**

进行脚轮的装配时要注意装配阵列的应用。生成装配动画时，要注意装配零件的先后顺序。

数据下载地址：https://pan.baidu.com/s/1Uwh0GKZMAGtJQY1Ks5JyWw

扫码下载模型

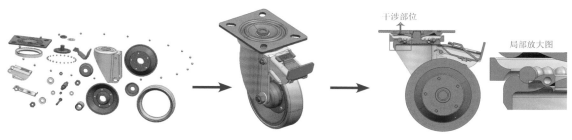

导入 STP 文件　　　　将各零件进行装配　　　　对装配体进行干涉分析及结构剖面分析

## ■ 固定球阀

**编号：JXZL06-05**

**难度：**

**参考用时： 90 min**

设计任务：

1. 为了提高大家的综合设计能力，现给出建模和装配的综合性案例，其中的图纸包括总装配图和所有非标准件的零件图。根据图纸利用自顶向下的设计方法，完成各个零件的建模，并对产品进行装配。

2. 对固定球阀进行干涉分析、剖面分析及零部件修改。

一个任意运动的刚体，总共有6个自由度，即3个平动自由度和3个转动自由度。若将物体完全约束，则其自由度为0个。

数据下载地址：https://pan.baidu.com/s/1J1uZfDtNCrRI89RoqnlFrg

扫码下载模型

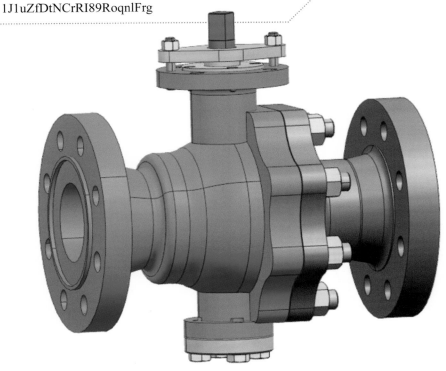

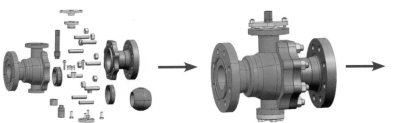

根据工程图创建零件模型　　　　对零件进行装配

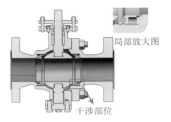

局部放大图

干涉部位

对装配体进行干涉分析
及结构剖面分析

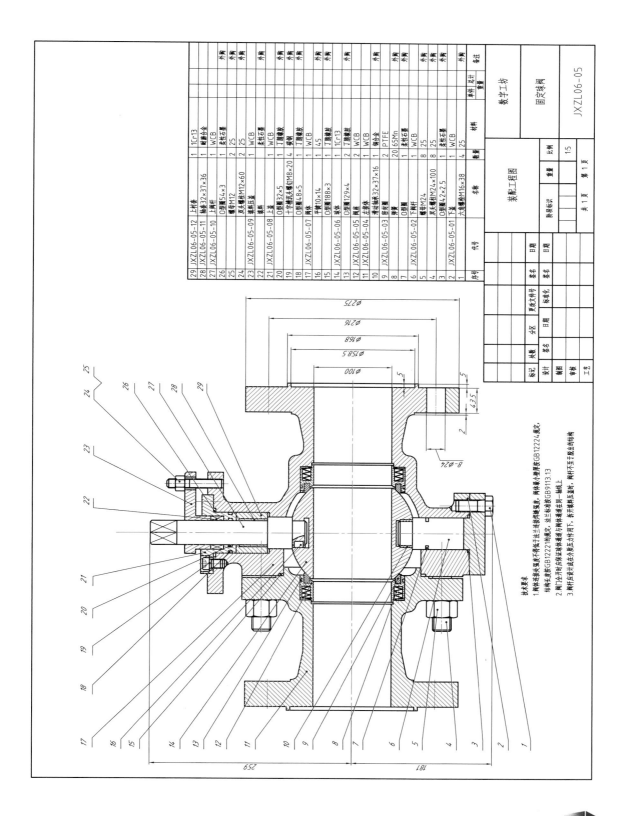

| 序号 | 代号 | 名称 | 数量 | 材料 | 备注 |
|---|---|---|---|---|---|
| 29 | JXZL06-05-12 | 上衬套 | 1 | 1Cr13 | |
| 28 | JXZL06-05-11 | 填料32×37×36 | 1 | 耐磨合金 | 外购 |
| 27 | JXZL06-05-10 | 上阀杆 | 1 | WCB | |
| 26 | | O型圈54×3 | 1 | 柔性石墨 | 外购 |
| 25 | | 螺母M12 | 2 | 25 | 外购 |
| 24 | | 双头螺柱M12×60 | 1 | 25 | 外购 |
| 23 | JXZL06-05-09 | 填料压盖 | 1 | WCB | |
| 22 | | 填料 | 1 | 柔性石墨 | 外购 |
| 21 | JXZL06-05-08 | 上盖 | 1 | WCB | |
| 20 | | O型圈32×5 | 1 | 丁腈橡胶 | 外购 |
| 19 | | 十字槽沉头螺钉M8×20 | 4 | 碳钢 | 外购 |
| 18 | | O型圈48×5 | 1 | 丁腈橡胶 | 外购 |
| 17 | JXZL06-05-07 | 阀体 | 1 | WCB | |
| 16 | | 平键10×14 | 1 | 45 | 外购 |
| 15 | | O型圈188×3 | 1 | 丁腈橡胶 | 外购 |
| 14 | JXZL06-05-06 | 球体 | 1 | 1Cr13 | |
| 13 | | O型圈129×4 | 2 | 丁腈橡胶 | 外购 |
| 12 | JXZL06-05-05 | 左阀体 | 1 | WCB | |
| 11 | JXZL06-05-04 | 阀座 | 2 | 铝合金 | |
| 10 | | 滑动轴承32×37×16 | 1 | PTFE | 外购 |
| 9 | | 密封圈 | 1 | 柔性石墨 | 外购 |
| 8 | | 弹簧 | 1 | 20钢65Mn | 外购 |
| 7 | | O型圈 | 1 | 丁腈橡胶 | 外购 |
| 6 | JXZL06-05-02 | 下阀杆 | 1 | WCB | |
| 5 | | 双头螺柱M24×100 | 8 | 25 | 外购 |
| 4 | | 螺母M24 | 8 | 25 | 外购 |
| 3 | | O型圈4×2.5 | 1 | 丁腈橡胶 | 外购 |
| 2 | JXZL06-05-01 | 下阀盖 | 1 | WCB | |
| 1 | | 六角螺栓M16×38 | 4 | 25 | 外购 |

数字工坊

固定球阀

JXZL06-05

装配工程图　比例 1:5　共1页　第1页

技术要求
1. 阀体连接处数量不得低于出厂速接转配量，两体最小静厚获GB12224规定，转料长度按GB12221的规定，出厂标准按GB9113.1
2. 阀门全开时应保证球体通道与阀体通道在同一轴线上
3. 阀杆应设计成在介质压力作用下，拆开填料压室时，阀杆不至于脱出腔体的结构

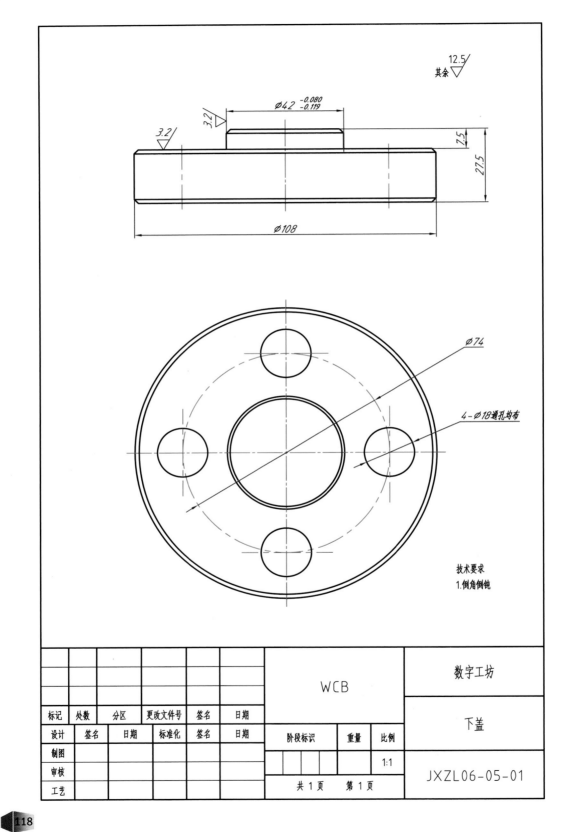

12.5
其余 ▽

$\varnothing 42 \begin{smallmatrix} -0.080 \\ -0.119 \end{smallmatrix}$

3.2

3.2

7.5

27.5

$\varnothing 108$

$\varnothing 74$

4-$\varnothing 18$通孔均布

技术要求
1.倒角倒钝

| | | | | | | WCB | | | 数字工坊 | |
|---|---|---|---|---|---|---|---|---|---|---|
| 标记 | 处数 | 分区 | 更改文件号 | 签名 | 日期 | | | | | |
| 设计 | 签名 | 日期 | 标准化 | 签名 | 日期 | 阶段标识 | 重量 | 比例 | 下盖 | |
| 制图 | | | | | | | | 1:1 | | |
| 审核 | | | | | | | | | JXZL06-05-01 | |
| 工艺 | | | 共 1 页 第 1 页 | | | | | | | |

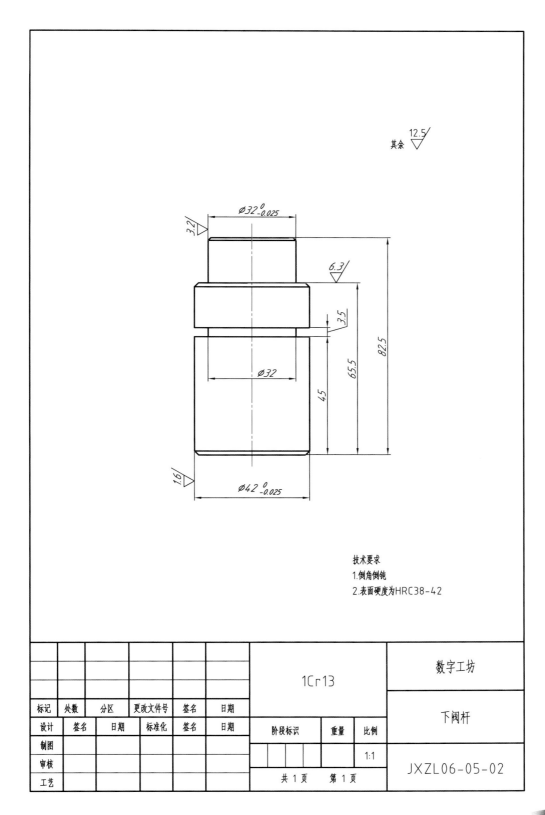

其余 12.5

$\varnothing 32_{-0.025}^{0}$

3.2

6.3

3.5

82.5

65.5

$\varnothing 32$

45

1.6

$\varnothing 42_{-0.025}^{0}$

技术要求
1.倒角倒钝
2.表面硬度为HRC38-42

| 标记 | 处数 | 分区 | 更改文件号 | 签名 | 日期 | | | | 数字工坊 |
|---|---|---|---|---|---|---|---|---|---|
| 设计 | 签名 | 日期 | 标准化 | 签名 | 日期 | 1Cr13 | | | |
| 制图 | | | | | | | | | 下阀杆 |
| 审核 | | | | | | 阶段标识 | 重量 | 比例 | |
| 工艺 | | | | | | | | 1:1 | JXZL06-05-02 |
| | | | | | | 共 1 页 | 第 1 页 | | |

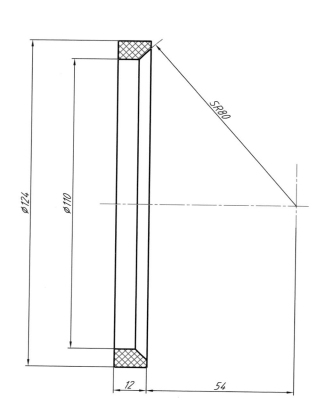

技术要求
1.PTFE圈体不应有夹渣、白斑、裂纹等缺陷
2.表面粗糙度Ra≤6.3μm

| 标记 | 处数 | 分区 | 更改文件号 | 签名 | 日期 | PTFE | | | 数字工坊 |
|------|------|------|-----------|------|------|------|------|------|---------|
| 设计 | 签名 | 日期 | 标准化 | 签名 | 日期 | | | | 密封圈 |
| 制图 | | | | | | 阶段标识 | 重量 | 比例 | |
| 审核 | | | | | | | | 1:1 | JXZL06-05-03 |
| 工艺 | | | | | | 共 1 页 | 第 1 页 | | |

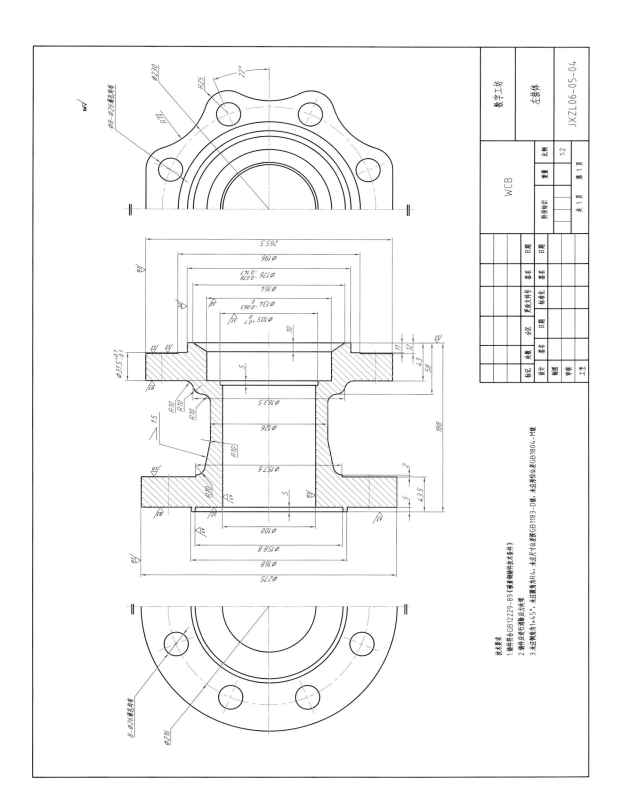

技术要求
1.铸件符合GB12229-89《要求铸件技术条件》
2.铸件应进行消除应力处理
3.未注倒角为1×45°，未注圆角为R4，未注形位公差按GB1183-D级，未注尺寸公差按GB1804-M级

数字工坊

左接体

JXZL06-05-04

WCB

比例 1:2

共 1 页　第 1 页

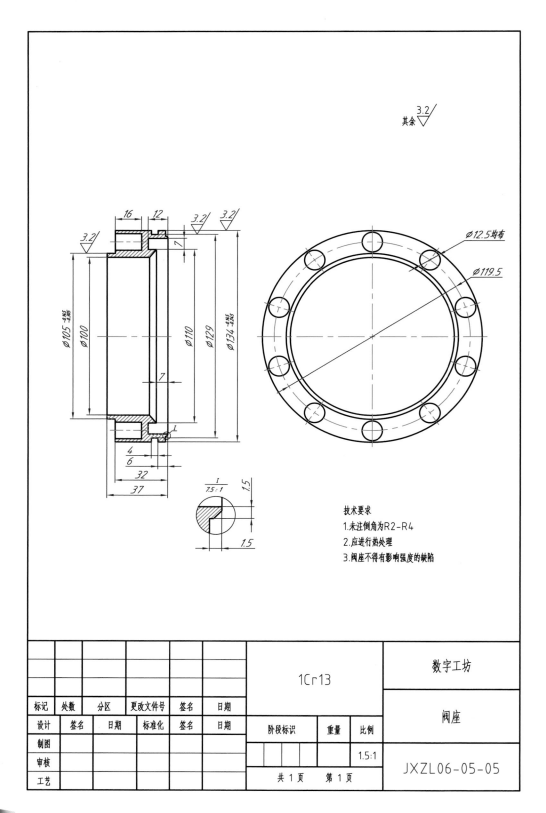

其余 $\sqrt{\frac{3.2}{}}$

技术要求
1.未注倒角为R2-R4
2.应进行热处理
3.阀座不得有影响强度的缺陷

| 标记 | 处数 | 分区 | 更改文件号 | 签名 | 日期 | | | | 1Cr13 | | 数字工坊 |
|------|------|------|------------|------|------|--|--|--|-------|--|----------|
| 设计 | 签名 | 日期 | 标准化 | 签名 | 日期 | | | | | | 阀座 |
| 制图 | | | | | | 阶段标识 | | 重量 | 比例 | | |
| 审核 | | | | | | | | | 1.5:1 | | JXZL06-05-05 |
| 工艺 | | | | | | 共 1 页 第 1 页 | | | | | |

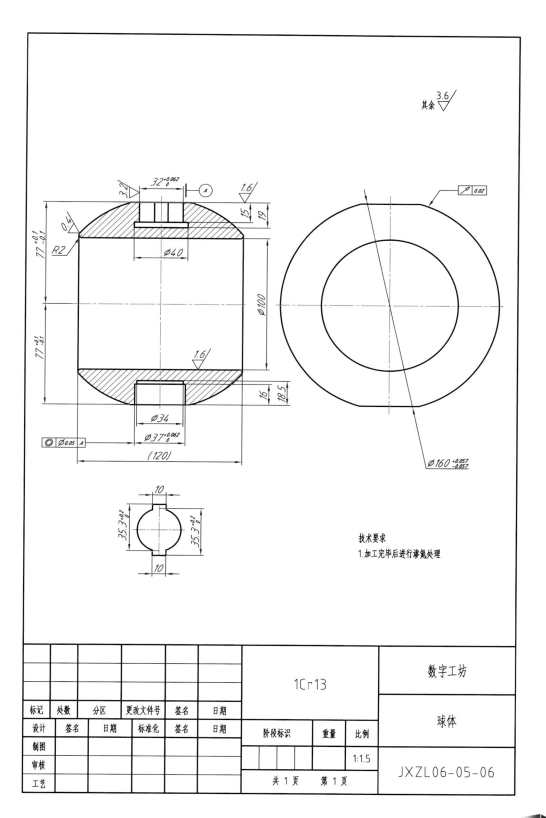

技术要求
1.加工完毕后进行渗氮处理

| 标记 | 处数 | 分区 | 更改文件号 | 签名 | 日期 | | | | 1Сr13 | | 数字工坊 |
|---|---|---|---|---|---|---|---|---|---|---|---|
| 设计 | 签名 | 日期 | 标准化 | 签名 | 日期 | 阶段标识 | 重量 | 比例 | | | 球体 |
| 制图 | | | | | | | | | | | |
| 审核 | | | | | | | | 1:1.5 | | | JXZL06-05-06 |
| 工艺 | | | | | | 共 1 页 第 1 页 | | | | | |

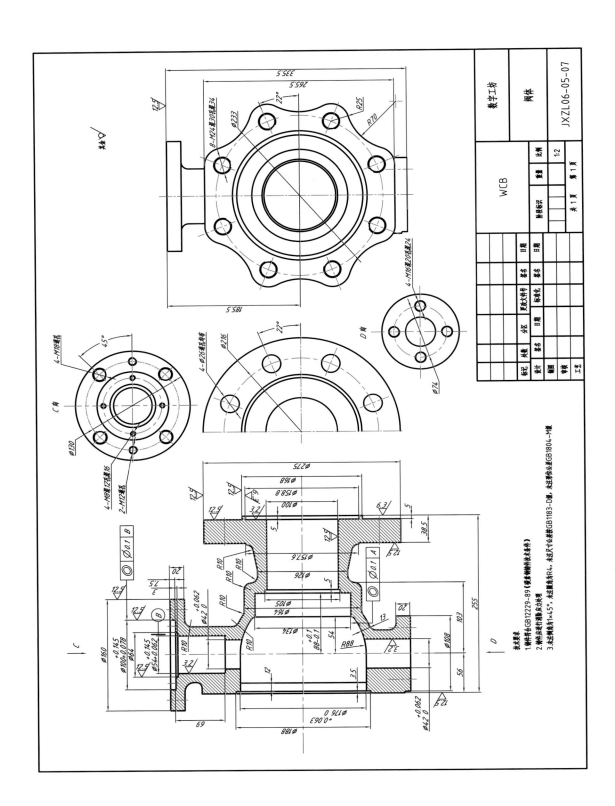

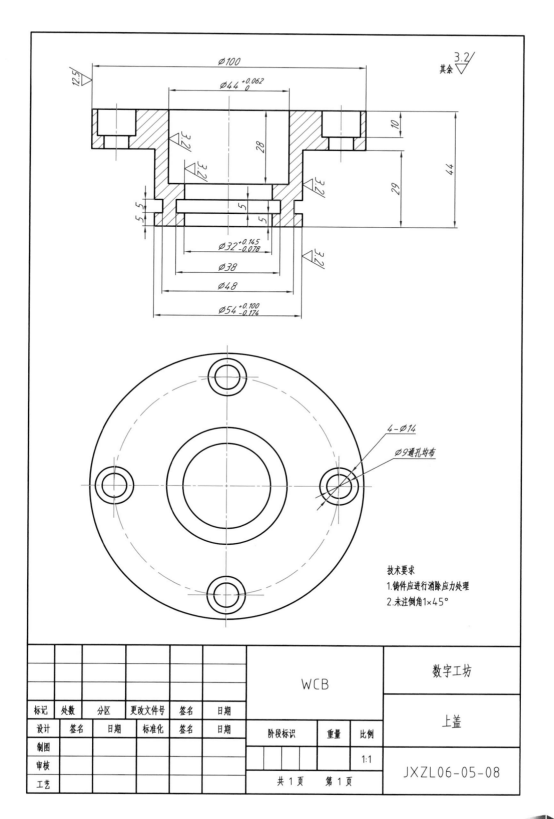

技术要求
1.铸件应进行消除应力处理
2.未注倒角1×45°

| 标记 | 处数 | 分区 | 更改文件号 | 签名 | 日期 | | WCB | | 数字工坊 |
|------|------|------|-----------|------|------|---|-----|---|--------|
| 设计 | 签名 | 日期 | 标准化 | 签名 | 日期 | | | | 上盖 |
| 制图 | | | | | | 阶段标识 | 重量 | 比例 | |
| 审核 | | | | | | | | 1:1 | JXZL06-05-08 |
| 工艺 | | | | | | 共 1 页　第 1 页 | | | |

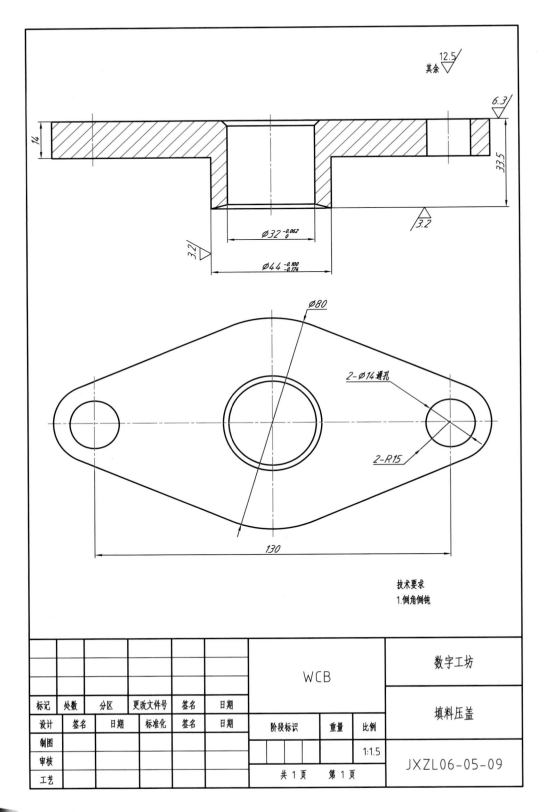

其余 12.5

6.3

14

33.5

3.2

$\phi 32^{-0.062}_{0}$

3.2

$\phi 44^{-0.100}_{-0.174}$

$\phi 80$

2-$\phi 14$通孔

2-R15

130

技术要求
1.倒角倒钝

| | | | | | | WCB | | | 数字工坊 |
|---|---|---|---|---|---|---|---|---|---|
| | | | | | | | | | |
| 标记 | 处数 | 分区 | 更改文件号 | 签名 | 日期 | | | | 填料压盖 |
| 设计 | 签名 | 日期 | 标准化 | 签名 | 日期 | 阶段标识 | 重量 | 比例 | |
| 制图 | | | | | | | | 1:1.5 | |
| 审核 | | | | | | 共 1 页 第 1 页 | | | JXZL06-05-09 |
| 工艺 | | | | | | | | | |

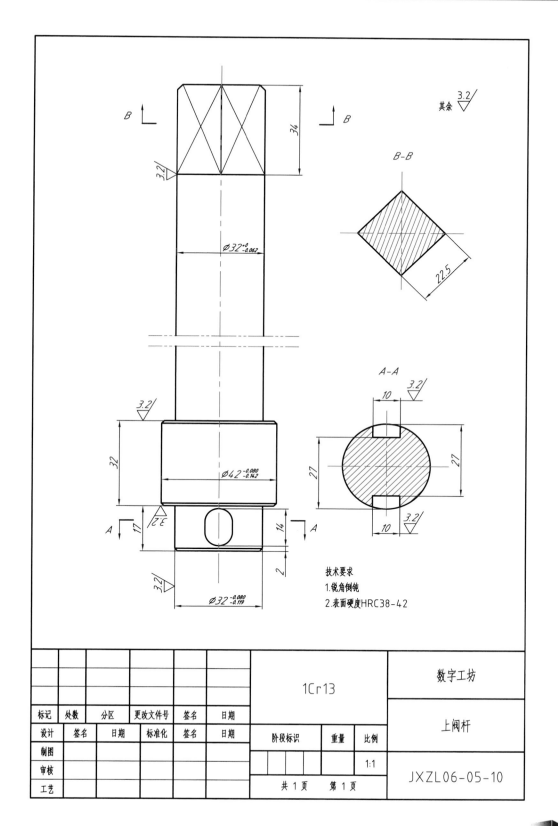

其余 3.2

技术要求
1.锐角倒钝
2.表面硬度HRC38-42

1Cr13

数字工坊

上阀杆

| 标记 | 处数 | 分区 | 更改文件号 | 签名 | 日期 | | | |
|---|---|---|---|---|---|---|---|---|
| 设计 | 签名 | 日期 | 标准化 | 签名 | 日期 | 阶段标识 | 重量 | 比例 |
| 制图 | | | | | | | | |
| 审核 | | | | | | | | 1:1 |
| 工艺 | | | | | | 共 1 页 第 1 页 | | JXZL06-05-10 |

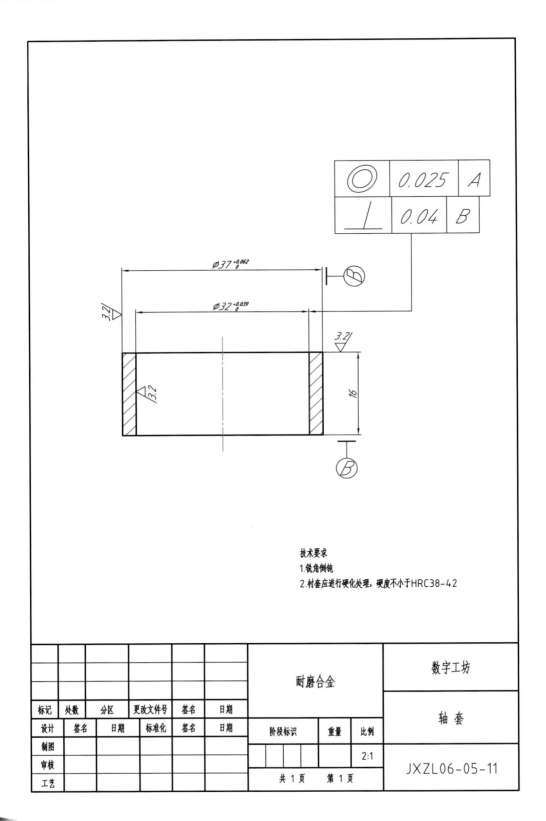

技术要求
1.锐角倒钝
2.衬套应进行硬化处理，硬度不小于HRC38-42

| 标记 | 处数 | 分区 | 更改文件号 | 签名 | 日期 | | | | 耐磨合金 | | 数字工坊 |
|---|---|---|---|---|---|---|---|---|---|---|---|
| 设计 | 签名 | 日期 | 标准化 | 签名 | 日期 | | | | | | 轴 套 |
| 制图 | | | | | | 阶段标识 | 重量 | 比例 | | | |
| 审核 | | | | | | | | 2:1 | | | |
| 工艺 | | | | | | 共 1 页 第 1 页 | | | | | JXZL06-05-11 |

其余

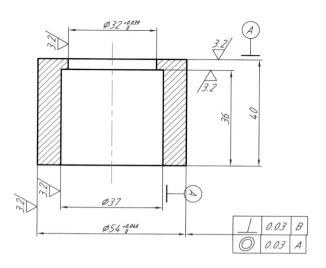

技术要求
1.锐角倒钝
2.衬套应进行硬化处理,硬度不小于HRC38-42

| | | | | | | | | |
|---|---|---|---|---|---|---|---|---|
| | | | | | | 1Cr13 | | 数字工坊 |
| 标记 | 处数 | 分区 | 更改文件号 | 签名 | 日期 | | | |
| 设计 | 签名 | 日期 | 标准化 | 签名 | 日期 | 阶段标识 | 重量 | 比例 |
| 制图 | | | | | | | | 上衬套 |
| 审核 | | | | | | | | 1:1 |
| 工艺 | | | | | | 共 1 页 第 1 页 | | JXZL06-05-12 |

## ■ 凸轮机构

编号：**JXZL06–06**

难度： ★★

参考用时：**80 min**

**设计任务：**
1. 根据所提供的零件，完成凸轮机构的装配。
2. 完成凸轮机构的动力学仿真及分析。

对凸轮机构进行动力学仿真时，要注意线在线上运动副的应用。
数据下载地址：https://pan.baidu.com/s/11UVAEBMKR2onQhBUmzrjhA

扫码下载模型

装配凸轮机构　　　对凸轮机构进行动力学仿真　　　对运动机构进行碰撞干涉分析

## ■ 连杆机构

编号：**JXZL06-07**

难度： ⭐⭐

参考用时：**80 min**

**设计任务：**
1. 根据图示进行连杆机构的自顶向下设计（详细参数、材料根据设计目标自定）。
2. 对自顶向下设计的产品进行装配、动力学仿真及分析。

对连杆机构进行动力学仿真时，要注意点在线上运动副的应用。

数据下载地址：https://pan.baidu.com/s/1hctQZxKfoATJVL-lju_TCg

扫码下载模型

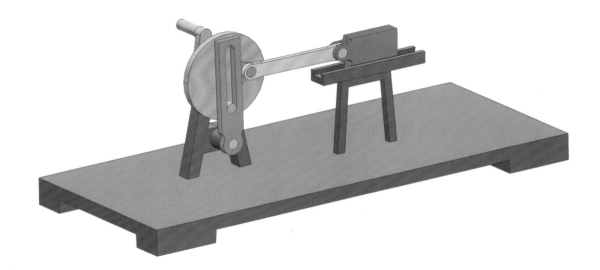

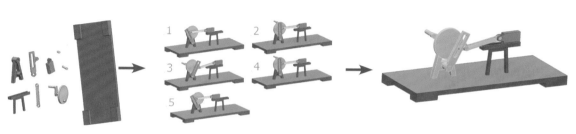

根据图示，创建零件模型

对连杆机构进行动力学仿真

对运动机构进行碰撞干涉分析

## ■ 机械手臂

**编号：JXZL06–08**

**难度：**

**参考用时：80 min**

> **设计任务：**
> 1. 根据所提供的零件，完成机械手臂的装配。
> 2. 完成机械手臂的动力学仿真及运动范围轨迹检测。

对机械手臂进行动力学仿真时要分步进行，模拟机械手臂抓起物体并将物体放落在另一个地方的过程。
数据下载地址：https://pan.baidu.com/s/1uqQJhAVc0kpzOR2LfnOODA

扫码下载模型

装配机械手臂

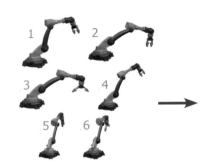

对产品进行动力学仿真

进行运动范围及轨迹
检测

## ■ 斯特林水平发动机

编号：**JXZL06-09**

**设计任务：**
1. 根据下载的模型对斯特林水平发动机进行自底向上装配。
2. 完成产品的动力学仿真及分析。

斯特林水平发动机这一案例对大家来说是一个综合能力的挑战：1. 挑战零件设计与虚拟装配速度；2. 挑战完整产品的设计与仿真验证。
数据下载地址：https://pan.baidu.com/s/1cAnuFRtdwl5PmdOcyhgqfQ

扫码下载模型

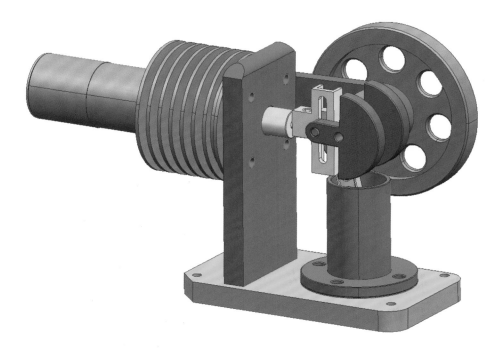

根据图纸创建零件模型　　　　对各零件进行装配　　　　对产品进行动力学仿真、运动范围及轨迹检测

# 2.7 产品 3D 渲染与展示专项案例

## ■ 锁芯

编号：**JXZL07-01**

难度：

参考用时：**30 min**

**设计任务：**
1. 完成锁芯产品的静帧渲染展示。
2. 制作锁芯 360° 旋转展示动画。

 产品静帧渲染展示制作的一般流程：1. 导入 3D 模型数据；2. 添加材质、纹理；3. 设定环境（HDR、灯光、相机、背景等）；4. 由软件完成光线追踪与全域光渲染。

数据下载地址：https://pan.baidu.com/s/18gH7tlIx2ojJC46B-BoFAg

扫码下载模型

## ■ 珠宝项链坠

**编号：JXZL07–02**

**设计任务：**
1. 完成珠宝项链坠的静帧渲染展示。
2. 制作珠宝项链坠 360° 旋转展示动画。

**难度：** ★★

**参考用时：50 min**

珠宝类产品数字化渲染展示时，要注意 HDR 环境、宝石材质质感及光源细节的把握。
数据下载地址：https://pan.baidu.com/s/1xCDCx6DrVLohXO5F_ZCuxg

扫码下载模型

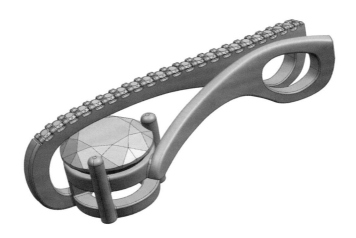

## ■ 紫砂壶

**设计任务:**
1. 完成曲面造型设计阶段紫砂壶的静帧渲染展示。
2. 制作紫砂壶360°旋转展示动画。

想要达到紫砂壶的真实质感，就要用纹理贴图效果完成哟。
数据下载地址：https://pan.baidu.com/s/
1VaADsMbgSKzmHZMcA-i1zQ

**编号：** JXZL07-03

**难度：**

**参考用时：** 50 min

扫码下载模型

## ■ 鼠标

**编号：JXZL07-04**

设计任务：
1. 完成鼠标静帧渲染展示。
2. 制作鼠标 360° 旋转展示动画。

难度：⭐⭐

参考用时：**50 min**

工业产品 LOGO 展示需要使用贴图映射功能完成。
数据下载地址：https://pan.baidu.com/s/
1Z5HMTf2KLuewQ5qCVVv2Ow

扫码下载模型

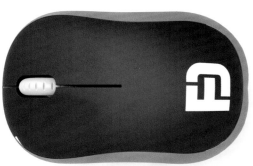

## ■ 手电钻

**设计任务：**
1. 完成手电钻产品静帧渲染展示。
2. 制作手电钻产品宣传展示图。

**编号：JXZL07-05**

**难度：** ★★★

**参考用时：80 min**

产品的视觉性的表层结构是产品可视化的外观，包括形状、色彩、还有质感等，要体现技术和艺术的统一。数据下载地址：https://pan.baidu.com/s/1HwJND9SfJ5EW27nBPOwdKQ

扫码下载模型

# 2.8 3D 扫描与逆向设计专项案例

## ■ 鹰雕塑逆向的设计流程（数据采集使用光栅照相扫描仪）

光栅照相扫描仪的特点：1.扫描速度极快，数秒内可得到 100 多万个测量点数据；2.一次得到一个面，测量点分布非常规则；3.精度高，可达 0.03 mm；4.单次测量范围大；5.便携，可搬到现场进行测量；6.可对无法放到工作台上的较重、大型工件（如模具、浮雕等）进行测量；7.可实现大型物体分块测量、自动拼合；8.具有大景深（激光扫描仪的扫描深度一般只有 100 多毫米，而光栅照相扫描仪的扫描深度可达 300~500 mm ）。

| | | |
|---|---|---|
| **模型分析** 1 | 此模型外观曲面较复杂，可以使用光栅照相扫描仪获取点云数据。需要扫描的物体表面不光滑、没有透明反光等问题，不需要对表面进行喷粉处理，需要贴标志点。标志点要均匀且无规则分布，间距大小根据幅面大小来确定。 |  |
| **扫描环境** 2 | 选光线较暗的室内环境。 |  |
| **扫描过程** 3 | 确保被扫描物体与扫描仪相对静止，对于难以扫描到的区域，应当多次改变角度进行扫描。 | |
| **数据处理** 4 | 分析点云、删除杂点，并进行降噪等处理。然后拟合出三角面片，并光顺高角度区域。 |  |
| **完成设计** 5 | 利用三角面片划分网格，并生成曲面，最后进行偏差分析。 | <br> |

## ■ 鼠标逆向设计流程（数据采集使用手持激光扫描仪）

三维扫描仪操作注意事项：

1. 避免震动，扫描时环境的光线不要太强，在暗室中操作的效果会更好；2. 光滑反光的物体最好喷显像剂；3. 对于容易变形的物体，尽量不要移动物体，可以考虑移动设备进行扫描；4. 重叠的部分尽量减少扫描的次数；5. 补拍有缺陷的地方时，有的地方就不用全选；6. 根据具体情况灵活借助适当的辅助工具，比如对于薄的物体，可与小物体一起扫描，最后切去小物体部分；7. 被测物体和镜头的距离要调整到合适值。

**1 模型分析**

待扫描物体表面光滑、不透明但存在反光问题，故而表面需要进行喷显像剂处理；物体表面曲率较为光顺、特征明显，所以不需要贴标志点。

**2 扫描过程**

需要扫描环境相对光线较暗。被扫描物体需要静止，手持扫描仪围绕物体慢慢移动。对于细小、深度较深的特征、区域，应放慢速度、多次转换角度进行扫描。

**3 数据处理**

删除杂点，并进行降噪等处理，然后拟合出三角面片，并光顺高角度区域。

**4 创建线架**

根据区域划分，截取各个曲面的参考线。根据设计精度，圆整关键尺寸。

**5 生成曲面**

利用线架创建曲面，并将曲面进行修剪、缝合等操作以形成完整的模型外表面，最后进行偏差分析。

## ■ 接板

**设计任务：**
1. 根据提供的点云数据，完成接板的实体建模。
2. 完成曲面创建，并进行误差分析，精度小于 0.3 mm。

**编号：** JXZL08–01

**难度：** ★

**参考用时：** **30 min**

逆向设计流程：1.校正坐标；2.分析点云，去除杂点；3.点云拟合、细化；4.样件分析；5.样件特征分级、特征区分；6.点云处理；7.特征拟合、编辑；8.误差分析；9.关键尺寸圆整；10.总体检查。
数据下载地址：https://pan.baidu.com/s/1IdHgLNT_vSFbmnN8nZGf9A

扫码下载模型

导入数据　　　　生成领域组，并创建相对应的曲面　　　　加厚实体，并进行偏差分析

三维数字化 *创新设计手册*

## ■ 轴座

编号：**JXZL08-02**

**设计任务：**
1. 根据提供的点云数据，完成轴座的实体建模。
2. 完成曲面创建，并进行误差分析，总体精度小于 0.3 mm，局部小于 0.2 mm。

难度：⭐⭐

参考用时：**60 min**

在进行逆向设计时，铸件和锻件的特征一般由直线、圆、圆弧、平面、圆弧面、锥面等规则特征构成，因此对于铸件和锻件，除云配合面或拟合误差比较大的情况下，一般要用上述规则几何特征云拟合，尽量不用自由曲线或者自由曲面拟合。
数据下载地址：https://pan.baidu.com/s/1QxSSEpUn2xcE9qHu4Q6vYg

扫码下载模型

导入数据并生成领域组     创建模型主体并根据主体做出其他特征     完成细节修饰，进行偏差分析

## ■ 艺术瓶

**编号: JXZL08-03**

**难度:** ⭐⭐

**参考用时: 60 min**

**设计任务:**

1. 根据提供的点云完成逆向曲面设计。
2. 完成曲面创建，并进行误差分析，精度小于 0.3 mm。

首先，对点云数据进行封装，生成网格。因为曲面较为规整，所以构建网格比较容易。其次，多注意边界点的数量，以防止后期局部区域无法生成曲面。数据下载地址：https://pan.baidu.com/s/1lpPWd7Ea6-nIUXONQNfxUA

扫码下载模型

导入数据

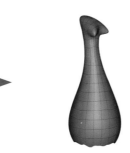

创建轮廓，优化编辑曲面片

生成曲面并进行偏差分析

## ■ 风扇

编号：**JXZL08-04**

难度：

参考用时：**90 min**

**设计任务：**

1. 根据提供的点云完成逆向实体设计，完成偏差分析，精度小于 0.2 mm。
2. 利用阵列等命令完成扇叶及部分结构建模。

逆向设计风扇时，需要先进行主体建模，以给之后的扇叶等其他元素提供参考；然后根据扇叶提供的上下面逆向出单一扇叶，再进行阵列操作。最后完成倒圆角等后期操作。

数据下载地址：https://pan.baidu.com/s/1XasGpvwlP1JJCPB3sVraFA

扫码下载模型

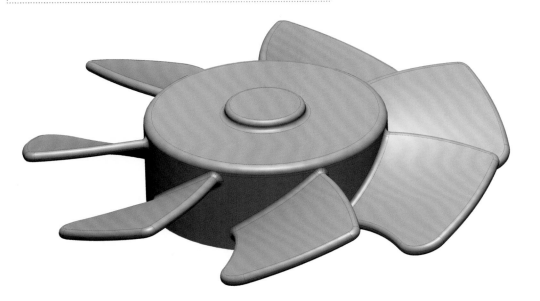

导入点云数据　　　　分领域，进行各区域设计　　　　拉伸实体，创建支撑部分

## ■ 爱因斯坦人像

**设计任务：**
1. 根据提供的点云数据，进行面片搭建并优化。
2. 完成曲面创建，并进行误差分析，精度小于 0.3 mm。

案例解析：1. 分析各个区域的划分标准，并导入点云数据，进行优化、封装；2. 精确曲面，搭建轮廓线，用于生成曲面边界；3. 生成曲面，进行偏差分析。
数据下载地址：https://pan.baidu.com/s/ 1HGFuy4Cpr6MeoMn5cLYtJQ

**编号：JXZL08-05**

**难度：**

**参考用时：120 min**

扫码下载模型

导入点云数据

搭建并生成轮廓，优化编辑曲面片

生成曲面并进行偏差分析

## ■ 人偶

**设计任务：**
1. 根据提供的点云完成逆向曲面设计。
2. 完成曲面创建并进行误差分析，精度小于 0.3 mm。

难度：

参考用时：**150 min**

什么是特征拟合呢？特征拟合包括几何特征拟合和自由特征拟合。几何特征拟合：直接拟合成直线、平面、圆柱、圆锥、球等。自由特征拟合：一般都需要利用制作方法：由点到线再到面的成型形式，所以其关键是建立关键点、关键线、关键面。数据下载地址：https://pan.baidu.com/s/1GgzYvvhcDJNHYWA93YKIwQ

扫码下载模型

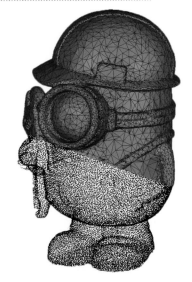

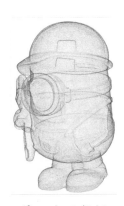

导入点云数据

搭建并生成轮廓，优化编辑曲面片

生成曲面并进行偏差分析

# ■ 鼠标

编号：**JXZL08-07**

**设计任务：**

1. 根据提供的点云完成鼠标逆向曲面设计，完成偏差分析，精度小于 0.5 mm。
2. 要求使用参数化建模方式，曲面连续性至少为 G1 连续。

难度：

参考用时：**180 min**

 设计鼠标时，要考虑各曲面之间连续性，以确定曲面边界范围及给过渡面预留的空间，各个曲面片独立生成，再进行连接。误差较大的区域可通过调节线条走向来减少误差。

数据下载地址：https://pan.baidu.com/s/1xYl-JWXeQStK_pxkKxL1Vw

扫码下载模型

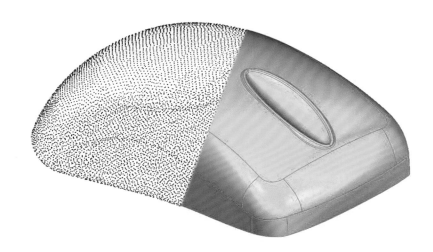

导入点云数据，分区域准备搭线架

利用各区域的点云数据生成曲面

完成两曲面之间的过渡面，检查偏差

# 2.9 数字创意与 3D 打印专项案例

## ■ 创意花瓶

**编号：JXZL09–01**

难度： ⭐⭐⭐

参考用时：**360 min**

 3D 打印也叫增材制造技术、快速成型技术。它是一种以数字模型文件为基础，通过材料逐层堆叠累积的方式来构造物体的技术。常见的 3D 打印工艺有 FDM、SLA、SLS、3DP 等。
数据下载地址：https://pan.baidu.com/s/1ZIBgjp9YGgnMd1hJ6ZaFBQ

扫码下载模型

## ■ 创意手机支架

**设计任务：** 设计一款"创意手机支架"，并完成 3D 打印。

**编号：JXZL09–02**

**难度：** ⭐

**参考用时：180 min**

3D 打印的核心是创意与 3D 数据模型。要实现创意应该先扎实掌握 3D 数字化设计。
数据下载地址：https://pan.baidu.com/s/1G7VNcUS-uvJaAOZnUw0-6w

扫码下载模型

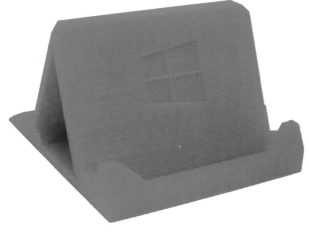

## ■ 人物头像与玩偶

**设计任务：** 设计一款人物头像或者玩偶类的"工艺摆件"，并完成 3D 打印。

3D 打印的设计过程是：先通过 3D 设计软件设计 3D 数据模型；再通过切片软件将 3D 数据模型逐层切片来获取截面路径，生成 GCODE 文件；最后 3D 打印机读取 GCODE 文件，完成模型打印。

数据下载地址：https://pan.baidu.com/s/1ky-0P-gOU3lKoBPF0qa4zQ

**编号：JXZL09-03**

**难度：**

**参考用时：300 min**

扫码下载模型

## ■ 异形齿轮

编号： **JXZL09–04**

**设计任务：**

1. 根据提供的"异形齿轮"数据设计一款齿轮及其组件，并完成 3D 打印。
2. 完成零件的装配。

难度：

参考用时： **180 min**

告诉大家提高 FDM3D 打印机打印成功率的秘诀：1. 合理设置 3D 数据模型切片的层厚；2. 正确选择填充方式及填充率；3. 依情况确定 3D 打印速度；4. 添加有效支撑。

数据下载地址：https://pan.baidu.com/s/1Mqvu75vyi2Ea5KbJxfk_hg

扫码下载模型

## ■ 3D 立体拼插模型——鹦鹉老爷车

**编号：JXZL09–05**

**难度：**

**参考用时：570 min**

设计任务：创意设计一款 3D 立体拼插类模型，并完成 3D 打印及装配。

当你将来 3D 打印出个性化的手机壳、漂亮的戒指、时尚的鞋子，甚至舒适的房子时，不要忘了闪电哥哦。
数据下载地址：https://pan.baidu.com/s/1kRKdF71tGREhpYApL_XxAg

扫码下载模型

# 第 3 章
## 如何获得 3D 数字化能力认证

配套在线课程

3D 四六级认证系统

全国 3D 大赛

本书中的案例你都会做了吗？快来测试一下吧！看看3D四六级，你能过关吗？

3D四六级定义：

哦？！你还不知道什么是3D四六级吗？让闪电哥带你认识一下吧！

3D四六级全称为三维数字化技术应用能力测评与认证。

3D四六级源自于全国3D大赛和三维数字化技术技能认证体系（3DTCS，旧版3D认证标准），是在产教共识和试点基础上经过总结、完善和提升，形成的一套3D技术能力评价体系和评价标准。3D四六级分为10个层级。

| 3D 四六级体系框架 | |
|---|---|
| 3DV1 | |
| 3DV2 | 能用 3D 数字化技术完成绘图、建模 |
| 3DV3 | |
| 3DV4 | |
| 3DV5 | 能用 3D 数字化技术完成专业任务、项目 |
| 3DV6 | |
| 3DV7 | |
| 3DV8 | 能综合应用 3D 数字化技术，提升项目效率，创新性解决项目 |
| 3DV9 | 难题 |
| 3DV10 | |

## ■ 3D 四六级特点

1. 全面、权威：3D四六级的专业标准由百余位专家组成的评审委员会审核发布，在全国高校、企业、用人单位中获得普遍共识与认可，并具有 10 年扎实的推广、实践应用基础。

2. 标准、专业：3D四六级具有标准、专业的线上认证平台（即 3D 四六级在线考试系统，网址为 3DVK.3ddl.net）和行业标准题库；以十层进阶认证模式，对应专业应用的不同状态，采用不同的分级考核、评价标准；满足从技术初级到技术专家的不同需求，为企业明晰员工职业发展通道、整体提高人力资源素质提供参考依据。

3. 数字认证、公信力：3D四六级的数字认证体系采用最先进的"区块链"技术，以确保认证的公信力。3D四六级数字认证与 3D 圈圈人才网全面打通，为 3D 人才职业发展保驾护航。

## ■ 3D 四六级在线考试系统

3D 四六级在线考试系统是 3D 动力投资孵化的企业 SaaS（Software-as-a-Service，软件即服务）产品，是 3D 动力"产业互联网"战略结出的丰硕成果。3D 四六级在线考试系统是一站式的在线考试平台，改变了千百年来纸笔的考试方式。3D 四六级在线考试系统提供在线考试 SaaS 服务，无需本地安装任何软件；支持电脑和移动答题，智能远程监考，在线编程，自动判题，自动统计成绩。

## 3D四六级在线考试系统主要功能

### 考试报名

参加认证考试的考生不受年龄、职业、学历等背景限制，任何人均可根据自己的学习情况和实际能力选考相应的级别和科目。参加线下考试报名的考生可携带有效身份证件到就近考点报名。每次考试报名的具体时间由各省（自治区、直辖市）级承办机构规定。参加在线考试报名的考生请登录3D四六级考试系统统一报名。

### 成绩与证书

成绩查询：考试结束的20个工作日以后，考生可登录3D四六级考试系统进行成绩查询。

试着做一做下面的模拟试题吧，看看你是否能过关斩将，所向披靡！！

# 三维CAD应用工程师模拟考试试题

姓名：_____ 邮箱：_____ 得分：_____

**答题说明：**

1. 本卷分为单选题、问答题两部分，满分100分，考试时间180分钟；

2. 请书写工整，保持卷面整洁；

3. 答题时请先填写个人信息。

**第一部分：单选题（本部分20道题，满分40分）**

1. 下列哪个不是基本体素类型？（　　　）
   A. 块　　　　　B. 圆锥体　　　　　C. 圆柱体　　　　　D. 凸台

2. 在装配工作台将同一个零件复制了多个进行应用，如何在装配工作台区分它们？（　　　）
   A. 根据零件材料属性　　　　　B. 根据零件名称
   C. 根据零件实例名称（Instance Name）D. 根据零件颜色

3. 需要桥接两条曲线间的一段空隙，结果既要保证相切也要跟随先前两条曲线的总体形状。应该选择下面哪一种连续方法？（　　　）
   A. 连续（Continuous）　　　　　B. 相切连续（Tangent）
   C. 曲率连续（Curvature）　　　　　D. 相切拟合（Tangent Fit）

4. 欲在两轴相距较远、工作条件恶劣的环境下传递较大功率，宜选（　　　）。
   A. 带传动　　　B. 链传动　　　　　C. 齿轮传动　　　　　D. 蜗杆传动

5. 链条由于静强度不够而被拉断的现象，多发生在哪种情况下？（　　　）
   A 低速重载　　　B. 高速重载　　　　　C. 高速轻载　　　　　D. 低速轻载

6. 若转轴在载荷作用下弯曲较大或轴承座孔不能保证良好的同轴度，宜选用类型代号为哪种轴承？（　　　）

    A. 1 或 2        B. 3 或 7             C. N 或 NU        D. 6 或 NA

7. 平带传动主要用于两轴平行、距离较远的传动，且转向（　　　）。

    A. 相反        B. 相近            C. 垂直           D. 相同

8. 在蜗杆传动中主动件为（　　　）。

    A. 蜗杆        B. 蜗轮           C. 以上都可以

9. 已知物体的主俯视图，正确的左视图是（　　　）。

    A. A        B. B            C. C           D. D

10. 拔模的作用在于（　　　）。

    A. 使模具更为美观                B. 应各种工艺需求

    C. 使模具容易被倒出            D. 以上皆有

11. 下列哪个工具条不属于零件设计？（　　　）

    A. 基于草图的特征               B. 基于曲面的特征

    C. 几何变换特征                  D. 产品结构工具

12. 给两条直线倒圆，但它们不在光标球范围内，或者准备给一条直线和一条圆弧倒圆，应该采用什么方法？（　　　）

    A. 2 曲线倒圆                B. 复杂倒圆

    C. 创建圆弧来倒圆            D. 创建圆弧并修剪使之与要倒圆的两条线相切

13. 对于扫描特征，扫描轮廓必须是闭环的（　　　）。

    A. 曲面        B. 基体或凸台        C. 曲线

14. "先零件建模，然后到总装配体里装配零件。"描述的是哪种装配方式？（　　　）

    A. 自底向上      B. 自顶向下        C. 混合装配        D. 以上都不是

15. 曲面连续性中的曲率连续用什么表示？（　　　）

    A. G0        B. G1            C. G2           D. G3

16. （　　　）是参数化设计中的一项重要内容，它体现了参数之间相互制约的"并联"关系。

    A. 表达式        B. 尺寸标注        C. 位置约束        D. 几何约束

17.下图中所用的是哪个类型的剖视图？（ 　 ）

    A. 旋转剖 　　　 B. 局部剖 　　　　　 C. 阶梯剖（折叠剖） 　　　 D. 断开剖

18.简单四连杆机构，进行模拟运动需要什么？（ 　 ）

    A. 1 个固定零件，3 个旋转接合，1 个角度驱动

    B. 1 个固定零件，4 个旋转接合，1 个角度驱动

    C. 1 个固定零件，2 个旋转接合，1 个角度驱动

    D. 仅需 4 个旋转接合和 1 个角度驱动

19.（ 　 ）在设计过程中起到十分重要的辅助作用，能够详细地记录设计的全过程，设计过程所用的特征、特征操作、参数等都有详细的记录。

    A. 特征树 　　　　 B. 历史 　　　　　 C. 帮助 　　　　 D. 信息

20.轴 Φ50u6 mm 与孔 Φ50H7mm 的配合是（ 　 ）。

    A. 间隙配合 　　 B. 过渡配合 　　　 C. 过盈配合

**第二部分：问答题（本部分 3 道题，满分 60 分）**

1. 完成草图。

    要求：完全约束。其中 A、B、C、D、E 五处参数参考其他尺寸自定义。

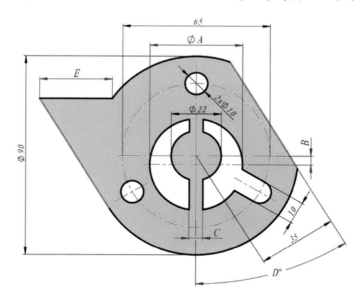

2. 根据三视图绘制实体。

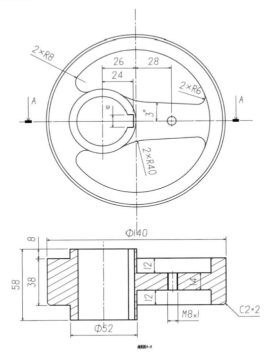

3. 零件装配。参照下图制作零件并进行装配。要求：不能有干涉和间隙。

考试链接：https：//3ddl.101test.com/cand/index?paperId=Q31TZO

# 第 4 章
## 如何参加全国 3D 大赛、展现自我

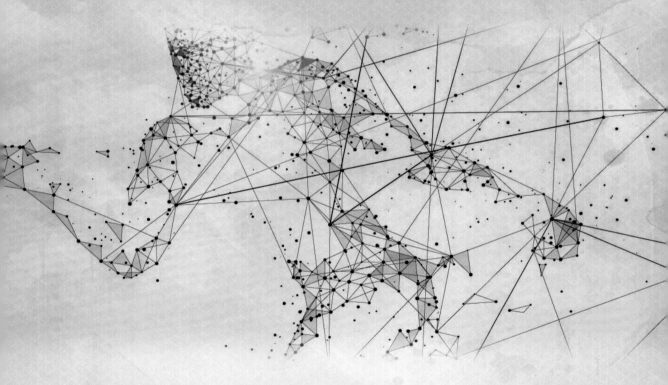

配套在线课程

3D 四六级认证系统

全国 3D 大赛

如果你已经完成了本书中的大部分案例，那么你已经成为一名名副其实的数字工匠，有能力参与全国三维数字化创新设计大赛了。

全国三维数字化创新设计大赛（简称"全国 3D 大赛"或 3DDS），是在国家大力推进创新驱动、实现从"制造大国"到"创造大国"转变的新的时代背景下开展的一项大型公益赛事，体现了科技进步和产业升级的要求，是引导、培养、选拔、认证"数字工匠"、推进"创新文化"、"工匠精神"与"数字经济"融合发展的新平台，是大众创新、万众创业的具体实践。

全国三维数字化创新设计大赛以"三维数字化"与"创新设计"为特色，以"创意、创造、创业"为核心，以"众创、众包、众筹"为模式，突出体现三维数字化技术对创新、创业的支持和推进，要求首先是实用的创新活动，同时必须基于 3D 数字化技术平台或使用 3D 数字化技术工具实现。

全国三维数字化创新设计大赛自 2008 年发起举办以来，已连续成功举办了 11 届，受到各地方政府、高校和企业的重视，赛事规模稳定扩大，参赛高校连续每届超过 600 所，参赛企业每届超过 1000 家，初赛参赛人数累积突破 700 万人，省赛表彰获奖选手累积突破 13 万人，国赛表彰获奖选手累积突破 1.3 万人；参赛作品水平不断提升，涌现出了一大批优秀设计作品与团队，并快速成长为行业新锐与翘楚，备受业界关注；大赛一头链接教育、一头链接产业、一头链接行业与政府，产教融合不断深化，政产学研用资互动不断加强，技术、人才与产业项目合作对接及产业生态平台作用日益突显，已成为全国规模最大、规格最高、水平最强、影响最广的全国大型公益品牌赛事与"互联网＋创新"的行业盛会，被业界称为"创客嘉年华、3D 奥林匹克、创新设计奥斯卡"。

听了闪电哥介绍，你是不是迫不及待地想参加全国 3D 大赛了？
你得先了解一下大赛的赛程，参赛对象和大赛报名方式。闪电哥在全国 3D 大赛总决
赛现场等你哦！

## ■ 大赛赛程

全国 3D 数字化创新设计大赛的赛制赛程：采用每年举办一届年度竞赛与精英联赛，以及专项赛事与擂台挑战赛等，如下图所示。

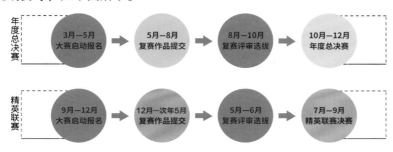

## ■ 参赛对象

**大学生组**

大学生组参赛对象为全国各类高校在校大学生。
大学生组参赛团队由学生队员（2-5 人）与指导教师（1-2 人）组成。

**青少年组**

青少年组参赛对象为各类富有创新精神的青少年（中小学生）3D 爱好者。
青少年组可以组团或代表学校参赛，团队成员至少含有 1 位指导老师或家长。

**职业组**

职业组参赛对象为创客/自由工作者/工作坊、企事业单位在职工作人员、高校教师等。
职业组可以个人报名、个人或组团(临时组团、工作室、工作团队等)参赛，或代表企业/单位参赛。

**产业组**

产业组参赛对象为在中国国内从事 3D 技术、3D 人才、3D 产业，以及设计/创新/创造相关业务的公司、企事业单位、教育培训机构等产业单位。

## ■ 大赛报名方式

大学生组：在校大学生参赛须在指导教师组织下，经校内初赛选拔后，以团队方式报名参赛。

职业组：可以个人报名、个人或组团（临时组团、工作室、工作团队等）参赛，或代表企业/单位参赛。

青少年组：可以组团或代表学校参赛，团队成员至少含有 1 位指导老师或家长。

产业组: 可以报名参加"3D 产业年度风云榜"的提名、推荐与投票; 或参加"企业命题设计大赛"的企业命题。

大赛采用网上报名，报名网址 http：//3dds.3ddl.net。报名信息提交后，大赛官方网站个人中心将会有消息提醒，报名人得到反馈后即可按照参赛流程积极备战参赛。公益竞赛报名不收取任何费用。

 大赛官网
http://3dds.3ddl.net

 微信公众号
ilove3dds